QUÍMICA DEL ACEITE DE OLIVA

CALIXTO LÓPEZ HERNÁNDEZ

Química del Aceite de Oliva

Calixto López Hernández
(2018)

QUÍMICA DEL ACEITE DE OLIVA

PRÓLOGO DEL AUTOR

Defenestrado en ocasiones, tenido a menos en otras, olvidado por algunos, renace siempre como ave fénix el que para muchos es el rey de los aceites, el que todos persiguen, el que tratan de igualar y hasta adulterar, sí, **el aceite de oliva**, el líquido de tenue aspecto verde-amarillento que, sin excepción, se pondera como el más valorado de los aceites vegetales.

¿Que el aceite de oliva reina actualmente en las cocinas? nadie osa dudarlo, los precios lo indican, también los gustos más exigentes; se le considera la nave proa de la bien ponderada *cocina mediterránea.* ¿Pero por qué?, ¿qué lo hace tan preciado?, ¿por qué todos lo imitan?, aunque ninguno aún lo iguala. ¿De qué está compuesto?

A todas y cada una de estas interrogantes se tratará de dar respuesta en este libro, que trata exclusivamente sobre este singular aceite, y para ello se partirá de lo más elemental y centro de todo: *su composición química*, de ahí sus propiedades y por consiguiente, su uso y aplicaciones.

El texto centrará su atención en los componentes básicos del aceite de oliva, los que le otorgan sus propiedades y hacen que este haya llegado a ser lo que actualmente es: *el príncipe de los aceites*, y que pueda aún dar batalla en esa cruenta guerra que se libra en el mundo de los aceites vegetales. Y tendrá que entrar en la lid seguido por un pequeño ejército a enfrentarse a los aceites más poderosos, contra el de palma, girasol, colza, maíz, algodón, y hasta con el aparentemente tímido y recién salido de la floresta: el aceite de aguacate.

Pero no solamente contra sus congéneres lucha el milenario aceite de los olivos, con sus flancos débiles por su naturaleza dependiente de árboles centenarios, quizás cansados de vivir luego de tantas batallas. Se enfrenta estoicamente a los avances impetuosos de la tecnología, también contra plagas implacables como la *Xilella fastidiosa,* y a veces hasta contra su creador: el propio hombre, que no contento con su obra trata de exigir más a lo que no puede más, pues sus fuerzas no son inagotables y están restringidas por su propia naturaleza

Pero el aceite de oliva cuenta con armas potentes que hasta ahora no han podido igualar sus contrincantes, *su perfil lipídico natural rico en ácido oleico*, sin necesidad de cambios o transformaciones genéticas, y más que todo: su inocencia, su virginidad, cual diosa vestal ante la cual todos se ven obligados a inclinarse en señal de respeto, pues esta inocente criatura viene acompañada por más de 300 componentes minoritarios muchos de ellos dotados de propiedades beneficiosas para la salud del hombre, que es al final quien lo produce y lo consume.

INTRODUCCIÓN

QUÍMICA DEL ACEITE DE OLIVA

INTRODUCCIÓN

No hay quien dude que el aceite de oliva ocupe actualmente el lugar más destacado entre los aceites vegetales en cuanto a sus propiedades nutricionales y sus efectos beneficios para la salud. Es además, la nave proa de la dieta mediterránea y su historia marcha paralela a la de las grandes culturas antiguas de la humanidad, por lo que se conservan antiguas vasijas de cerámica que lo contenían, y los clásicos griegos y romanos hacen frecuente alusión a su uso y propiedades. También han aparecido mosaicos alegóricos a su empleo.

Las ramas de olivo adornaron la testa de los emperadores romanos y las hojas son símbolo de la paz y el bienestar, actualmente es el aceite mejor cotizado en el mercado de todo el planeta a pesar que no ocupa los primeros lugares en cuanto a volumen de producción mundial.

Pese a lo anterior, se pronostican épocas difíciles y no muy buenos augurios para este aceite singular atendiendo a un grupo de factores sobre los se hará referencia a través de la exposición de los contenidos del libro. También tiene muchos enemigos a la vista entre sus congéneres, y su producción y comercio actual está rodeado de incertidumbres y contradicciones, incluso entre sus cultivadores y expendedores.

Hablar de aceite de oliva resulta similar a hablar de aceitunas y olivos, esos árboles centenarios que pululan por las campiñas del sur de España, de la Toscaza y otras regiones italianas, de Grecia, y los demás países del norte de África. Sus técnicas de elaboración han cambiado muy poco desde los tiempos ancestrales, así como la tecnificación y mecanización de los cultivos, lo que favorece que se mantengan pequeñas producciones artesanales con técnicas y métodos trasmitidos de generación en generación, acompañados generalmente de productos de muy alta calidad y valor comercial, relacionados incluso, con marcas de origen protegidas, aunque en el sector de los aceites no hay nada virgen y protegido, salvo el propio aceite cuando no se encuentra adulterado.

Los problemas básicos para el aceite de oliva parten de su particular composición y de la propia naturaleza de los olivos. Estos árboles no son capaces de mantener una producción estable, de manera que en ellos ocurre el fenómeno de *vecería* con alternancia de cosechas buenas y malas de manera indistinta, lo que ocasiona diferencias considerables en los volúmenes de producción de un año a otro, con los trastornos y dificultades que esto conlleva para la producción y el comercio.

Las nuevas plantaciones de los olivos no comienzan a producir inmediatamente como las de sus competidores de semillas, cuyas cosechas son anuales: girasol, maíz, colza, maní, etc. De manera que una vez plantados los olivos estos deben esperar algunos años para producir aceitunas, y más que eso, para aumentar y estabilizar la producción de frutos hasta un volumen de explotación adecuado.

Por otra parte, actualmente los olivos están siendo atacados por diferentes enfermedades dentro de las que destaca la producida por la terrible *Xylella fastidiosa*, que ocasiona la sequía, primero de sus hojas y ramas, y posteriormente de toda la planta, así como diseminar la enfermedad a través de los insectos y destruir plantaciones enteras en muy poco tiempo. Además, como no solo ataca los olivos, también los cítricos y otros árboles frutales y leñosos, se amplía el espectro y posibilidades de propagación, como ha ocurrido en Italia en los últimos años con la destrucción de considerables áreas de cultivo y la muerte de cientos de miles de árboles, lo que ha constituido un grave daño para el sector de los olivicultores italianos.

Ya la bacteria entró en la España peninsular a través de las Islas Baleares y se lucha por evitar su propagación, porque de lo contrario se vería sensiblemente afectado un sector que mueve miles de millones de Euros y posibilita cientos de miles de empleos en el principal productor de aceite de oliva del mundo, por lo que se teme que esta enfermedad pueda alcanzar enormes superficies de cultivo, aunque por suerte, esto aún no ha ocurrido y se están tomando medidas al efecto.

Sobre la incidencia de la *Xylella fastidiosa* en los cultivos se volverá más adelante, cuando se estudien los olivos.

Antes de caer en los competidores de los olivos, es necesario destacar que el producto estrella de esta agroindustria es el aceite de oliva virgen, pues los refinados, al ser sometidos a diferentes procesos fisicoquímicos, incluyendo calentamiento, pierden muchas de las propiedades beneficiosas del aceite virgen por lo que tienden a diferenciarse menos de sus congéneres extraídos y refinados de otras plantas.

Este celo en mantener el sello de calidad en los aceites de oliva en su producto virgen, paga su cuota en el sentido que las técnicas y test de calidad se basan en la medida de indicadores organolépticos realizados por personas, que aunque especialistas en su género, no dan los márgenes de fiabilidad que los test y técnicas analíticas instrumentales de valoración, lo que incluye un elemento subjetivo en el proceso, y la posibilidad, como en efecto ocurre, de que se presenten frecuentes casos de adulteración dado el alto valor del producto en el mercado y su amplia demanda. De manera que se facilite el que "den gato por liebre" como se ha podido comprobar, y no con poca frecuencia. También sobre la adulteración del aceite de oliva s tratará en este estudio monográfico y se hará alusión a algunos de los casos más connotados dados a conocer en los últimos tiempos, no solo en Europa, sino en todo el mundo, pues es un mal con que ha tenido que convivir la industria del aceite de oliva a lo largo de los tiempos.

La mecanización de los olivares, al tratarse de árboles que es necesario sufran los mínimos daños posibles durante el período de recolección, no resuelta tan sencilla como en otros sectores de producción de aceites de semillas, donde para nada es necesario preservar las plantas, pues la suplantación es de temporada en temporada, o de año en año, con semillas y plantas nuevas que perecen al concluir las cosechas, salvo el de la palma africana, pero como este es por grandes racimos, las plantas no sufren daños apreciables y el costo de su cultivo y mantenimiento es mucho menor.

Pero un enemigo aún mayor pesa sobre la industria de los olivos, y es el de las plantas oleaginosas competentes como el girasol, el maíz, la soja y la colza entre otras, en lo relacionado a las modificaciones o transformaciones genéticas que están sufriendo sus semillas para elevar la concentración de ácido oleico en su composición y perfil lipídico, en lo que da en llamarse *aceites alto oleicos*, que ya pululan y frecuentan el mercado, de manera que el elemento paradigmático del aceite de oliva, su elevada concentración de ácido oleico, elemento beneficioso como protector de las enfermedades cardiovasculares (**ECV**) está dejando de ser un monopolio de este aceite y ya se habla con frecuencia y naturalidad de aceite de girasol, maíz, etc. a*lto oleico*, así como de aceites para freír con alto contendido de ácido oleico, que se acerca, iguala y hasta puede sobrepasar, el del mismo acido oleico en el aceite de oliva.

Hasta la discriminada palma africana con su nuevo híbrido **OxG** con la palma americana ostenta una elevación de más del 10 % de ácido oleico en su composición y actualmente en Sudamérica la cifra de producción de este aceite supera los cientos de miles de toneladas, con una ampliación constante del área de cultivo de este producto híbrido. Sobre estos aceites competidores del aceite de oliva tratará más adelante, aunque el aceite de palma no se distingue aún en este campo.

Par argumentar algo más lo anterior, ya en el mercado español, celoso guardián del aceite de oliva, los niveles de venta del aceite de girasol, para poner un ejemplo, compiten con los de este, teniendo en cuenta que el precio de 1 L de aceite de girasol es cuatro o cinco veces menor que el del aceite de oliva, y los clientes, por supuesto, valoran sus bolsillos que en épocas de crisis no han estado muy llenos, más bien casi vacíos.

Y este elevado precio del aceite de oliva en elación con el de otros aceites vegetales, dadas las dificultades del cultivo de los olivos, la mecanización y sobre todo su menor rendimiento por hectárea, hacen que tienda a tambalearse una industria proa en los países de la cuenca del mediterráneo. Por suerte, la producción es relativamente baja en relación con la demanda, lo que hace que aún se mantengan estables los precios.

Y para finalizar en la descripción de este maremagno de acontecimientos que afectan al mundo de los olivares, es necesario destacar que han aparecido aparentes parientes del aceite de oliva allende los trópicos que también amenazan su reino, nos referimos al aceite de aguacate, que ostenta elevados niveles de ácidos grasos monoinsaturados como el oleico, en alrededor del 60 %, y un pariente menor, el palmitoleico con un discreto 10 %, pero que sumándoles cierta proporción de ácido linoleico que contiene hacen a este aceite rico en grasas insaturadas.

El árbol del aguacate (*Persea americana*) es una planta tropical frecuente en los cultivos de Suramérica y el Caribe, y recientemente, por sus propiedades, más el fruto que el aceite, se ha ampliado su explotación a países con climas subtropicales como España (Sur y Canarias) y presenta alta productividad, mayores facilidades de cultivo, frutos de alto contenido en aceite, y hay variedades que se adaptan a diferentes temporadas de cultivo, unido a las características de la planta, sin espinas, y tamaños que pueden superar al de los arbustos, lo que posibilita que se establezca una fuerte competencia con los olivos.

El aguacate, de exquisita y blanda masa, altamente nutritivo, es un acompañante ideal de las comidas, a veces sustituye a otras viandas, y en ensaladas resulta muy apreciable su empleo. Para colmo, su aceite virgen presenta una tonalidad cercana a la del de oliva y acompañado también de una alta concentración de vitaminas y antioxidantes, lo que ha conllevado el que se detecten casos de adulteración a partir de este aceite como componente.

Bajo este prisma se enfocará el mundo del aceite de oliva,

producto con muchos años de andar y que aún mantiene su reinado entre los aceites, pero que como se ha visto, su dominio se encuentra fuertemente amenazado.

CAPÍTULO I

El príncipe de los aceites

Recientemente, al escribir un capítulo sobre el aceite de oliva en un libro titulado *Química de los Aceites Vegetales,* el autor dio en nombrarle de manera metafórica *"El príncipe de los aceites"* y ahora se refleja nuevamente este contenido con ligeras modificaciones.

El porque actualmente el aceite de oliva puede ser considerado como *el príncipe de los aceites* viene dado a que en este líquido maravilloso, lúcido, transparente y de bellas tonalidades, se conjugan las principales propiedades nutritivas y beneficiosa para el organismo que muestra aceite alguno, al menos hasta que aparezcan otros, con atributos cuyos estudios revelen que son los más adecuados en ese momento, en el aparentemente lento devenir de la historia.

Los aceites no son personas, pero se personalizan a través de los mercados, de las regiones que los producen, mediante sus propiedades nutricionales, y por la necesidad del hombre para subsistir en determinadas condiciones.

Y actualmente el aceite de oliva con su suave tonalidad verde amarillenta, si es refinado, o más oscura si es *virgen,* puede considerarse como el verdadero príncipe que reina sobre los demás aceites, y todo dado por su alto contenido de ácido oleico (**C18:9:1**), un ácido graso monoinsaturado con el doble enlace en la posición 9 (**omega 9**) de su cadena de 18 átomos de carbono.

Pero no es solamente el que el aceite de oliva contenga elevadas concentraciones de ácido oleico lo que le hace reinar y alcanzar los elevados precios que presenta en los mercados de todo el mundo, sino también las sustancias que lo acompañan, sobre todo en estado crudo, en otros tiempos impurezas como los tocoferoles antioxidantes, los polifenoles, las vitaminas que contiene, sus minerales y todo un grupo de componentes de probadas propiedades benignas para la salud.

Pero siempre esto no fue así, hubo épocas en que el aceite de oliva se consideraba, por su típico amargor y aspereza, un aceite inferior a otros más lúcidos y refinados; pero todo comenzó a cambiar tan pronto los ensayos clínicos arrojaron de que este tenía la concentración idónea de ácidos grasos de los diferentes tipos: saturados, monoinsaturados y poliinsaturados, sin que se desbalanceara el equilibrio en una u otra dirección.

Pero el reino peligra, y sobre todo el monopolio sobre este tipo de aceites que presentan los países de la Cuenca del Mediterráneo, sus principales productores, encabezados por España, a la que siguen Italia y Grecia como principales exportadores. También lo producen y lo han elaborado desde las civilizaciones más tempranas los países del norte de África que ocupan la franja mediterránea.

Pronto, más tarde o más temprano, el aceite de oliva, *el príncipe de los aceites*, podría cambiar de residencia y ubicarse en Norte o Sur América, pues países como Estados Unidos, Brasil, Argentina, Uruguay y Chile, entre otros, pugnan por hacerse de un puesto relevante en su producción y comercialización. En Asia podría ocurrir lo mismo con China, o en Oceanía con Australia, incluso en el resto del continente africano, donde Sudáfrica se perfila como un buen productor del preciado líquido.

Y si estos países aún no han logrado sus propósitos expansionistas en el sector de la producción del aceite de oliva, no es por falta de voluntad ni recursos, y mucho menos extensiones de tierra cultivables, tampoco por las barreras comerciales, tecnológicas y otros aspectos, sino porque su principal oponente son los **olivos:** esos árboles centenarios portadores de las aceitunas con las que se elabora el *oro verde* *de los dioses*, pero como se decía, será un intervalo de tiempo impredecible, más o menos corto o largo, dependiendo de las condiciones climáticas en que se desarrollen los olivos en los países de referencia y el tiempo en que tarden en hacerse adultos.

Actualmente el aceite de oliva presenta precios en el mercado varias veces superior al de sus competidores de semillas: girasol, soja, colza y maíz, o del extraído del fruto de la palma africana, el que más se produce en el mundo. Porque como buen príncipe, la producción del aceite de oliva aún es costosa, limitada y nada comparable a la de los aceites mencionados.

La agresividad de los aceites de palma es notoria, en pocas decenas de años se han hecho con el mayor volumen de producción mundial, y ni siquiera se pueden comparar con él sus más cercanos competidores: soja y colza.

El aceite de palma, merced a su alta productividad y sus múltiples usos en la industria alimenticia es el protegido y favorito del amplio sector de las confituras, de la harina, la comida rápida y en otras muchas esferas de la elaboración de alimentos. Detrás de él se encuentran los gigantes de la industria alimenticia de todo el mundo, incluso de Europa, que velan celosamente por su protegido.

Pero lo que da al aceite de palma su gran ventaja en garantizar el acabado y durabilidad de las confituras, son los ácidos grasos saturados, pero que a la vez también atentan en su contra por el daño aterogénico asociado con este tipo de ácidos grasos en el metabolismo humano, al incrementar los niveles de colesterol sérico y su acumulación en las arterias, dificultando con esto la circulación sanguínea y otros males asociados.

Es así que del aceite de oliva hay muy poco o nada criticable, tal vez la aspereza o amargor de su gusto cuando es virgen extra o virgen, pero los expertos en la materia consideran que esto es falta de cultura con relación a este aceite, que esto es característico de su calidad y muestra de las sustancias beneficiosas que contiene, como los polifenoles y por esto, nada, o muy poco se ha cambiado en la industria del olivo desde tiempos inmemoriales.

Al llegar la cosecha de las aceitunas, arriban de todas partes humildes jornaleros a realizar sus penosas faenas, mediante técnicas poco avanzadas, pues no hablamos de vastas extensiones de gramíneas, *astereaceaes, brasicaceaesu* u otros cultivos de pequeño tamaño y endeble robustez, fácilmente cortados y trillados mediante máquinas cosechadoras; sino de árboles resistentes en su plena estatura y adultez, que han sido testigos mudos de múltiples acontecimientos históricos; de las promesas de parejas de enamorados sentadas o escondidos detrás de su troncos, de sequías, temporales y tempestades, del frío de las noches de invierno y de los intensos calores de los veranos mediterráneos.

Los olivos, esos árboles nobles, resistentes y perennes, no entienden mucho de mecanización y mucho menos de que los estén zarandeando con maquinarias, o que no se escoja su fruto a veces de manera selectiva, por lo que no acogen de buen grado los avances tecnológicos, lo que hace que su cultivo sea relativamente costoso en comparación con el de otras plantas oleaginosas, sobre todo de la palma africana su émulo, por ser aceite de frutos.

Y los míseros, pero abnegados jornaleros vienen en la época de cosecha de las aceitunas de todas partes, puede que hasta de regiones lejanas, y sueñan con buenas cosechas, y que las del próximo año sean mejores para que haya empleo y así obtener lo necesario para el sustento de sus familias; mientras viven en condiciones relativamente precarias, pero sin quejarse ni protestar, al menos en voz alta, mientras sus sueños pocas veces se hacen realidad en la medida necesaria, aunque sí tal vez el de los grandes productores, que desde hace siglos mantienen nombres y marcas reconocidas por todo el mundo.

Los productores también tienen enemigos furtivos que al amparo de la noche, y puede que sin ella, hacen caso omiso de las señales de propiedad y toman por propio lo ajeno, y hurtan algunos lotes de aceitunas, hecho deplorable, pero al parecer poco significativo por el alto volumen de las cosechas.

El aceite de oliva sigue siendo *el príncipe de los aceites,* todos luchan por igualarlo aunque tengan que variar su composición lipídica a través de técnicas no ortodoxas, mediante la ingeniería genética y la biotecnología, adquiriendo formas transgénicas y a veces hasta cambiando su nombre: aceite de canola por colza, girasol y maíz alto oleico, entre otros.

El copiar tiene sus ventajas y también sus peligros, y no solo por el cambio de identidad, sino porque no se sabe qué puede ocurrir con las variedades transgénicas de plantas oleaginosas al realizarse de la noche a la mañana lo que a la naturaleza le hubiese costado miles de años ejecutar.

La guerra de los aceites es complicada, así se hace para el aceite de oliva, el actual príncipe, hay muchos frentes abiertos y día a día surgen nuevos contrincantes, por lo que no reina en todo el mundo: en Canadá, Alemania y algunos países centroeuropeos, lo hace la colza (canola), en Ucrania y Rusia el girasol y el maíz, en Estados unidos la soja, el maíz y el algodón; y en Brasil y Argentina ocurre algo similar que en el gigante norteamericano.

En Asia y los países tropicales de América comparten dominio la palma africana y el maíz, aunque la primera avanza con paso arrollador, como una aplanadora en caída libre, apisonando y haciendo desaparecer todo a su paso: las especies de plantas y animales, la agricultura sostenible, y desplazando los grupos humanos, algunos en estado primitivo tribal, a destinos inciertos en la jungla de las grandes ciudades.

El príncipe de los aceites se enfrenta a su incierto destino, inmutable, valiente, resignado y tal vez disfrutando, extasiado en su gloria, como diciendo aquella frase gramáticamente vulgar y para algunos incoherente: *y después que me quiten lo bailao,* porque a más de ser un aceite, no un ser vivo, se comprende que su grandeza y decadencia depende del hombre, el que lo creó, el que lo disfruta, y el que verdaderamente conduce la guerra del mercado de los aceites, de forma caótica, brutal y desproporcionada.

OLIVO

CAPÍTULO II

Olea europaea (Olivo)

El milenario olivo.

El árbol de la aceituna, olivo u *Olea europaea*, que es su nombre científico y de cuyos frutos se extrae el aceite de oliva, es una planta perennifolia que alcanza alrededor de 15 metros de altura a lo largo de sus muchos años de vida, pues puede llegar, y hasta sobrepasar el siglo de existencia, por lo que su crecimiento es relativamente lento en comparación con otros árboles duraderos como los de las selvas tropicales.

Los olivos precisan de climas subtropicales de humedad moderada, sobre los 600-800 mm de precipitación al año.

El olivo posee un tronco relativamente grueso que le permite dar estabilidad a su ancha copa ante el viento y otras inclemencias climáticas. La cáscara, o corteza, se encuentra ampliamente fisurada y es de color gris argentado.

El árbol produce hermosas hojas lanceoladas y puntiagudas que alcanzan una longitud media de unos 5 cm, aunque pueden presentarse más cortas o más largas. Estas fueron asociadas a la paz y la victoria en la antigüedad y se dice que coronas hechas con ellas adornaron las cabezas de emperadores romanos. Actualmente estas están siendo objeto de estudio por el mundo científico atendiendo a un grupo de polifenoles y otras sustancias de interés biológico que se han aislado de sus extractos.

Las flores son hermafroditas y el fruto, que es lo que más destaca su importancia, la archiconocida aceituna alcanza una media de 2,5 cm de largo. Inicialmente es verde, pero tiende a alterar su color hasta amarillo y posteriormente morado oscuro en la etapa de maduración.

El fruto del olivo, la aceituna, es extremadamente rico en aceite en el que predominan los ácidos grasos monoinsaturados, como el ácido oleico, omega 9: (**C18:9:1**). Este demora más de seis meses en madurar.

En la Cuenca del Mediterráneo la planta florece entre los meses de mayo a junio, al arribar la primavera, para llegar a la época de maduración y cosecha del fruto en los últimos meses del año.

El olivo común tiene un hermano menor silvestre, conocido comúnmente como acebuche, que tiende más a ser un arbusto con frutos semejantes, pero más pequeños. Este es altamente resistente a la degradación de los suelos y las altas temperaturas, no así al frío intenso. Comparte fertilidad con el olivo por lo que debe haberle aportado, en cruces espontáneos, su relativamente alta resistencia a los embates del clima y la precariedad del suelo.

El olivo está estrechamente relacionado con la historia y la cultura mediterránea y es un árbol típico de esta cuenca, por lo que es un elemento presente en la paisajística de esta región y los países que la forman: Grecia, Italia, España y los que integran la región del norte de África como: Tunes, Argelia, Marruecos, etc.

Actualmente el cultivo del olivo tiende a extenderse a otras regiones del mundo con características climáticas semejantes a las del Mediterráneo, aunque desde la época de la conquista de América, comenzó a propagarse a alguna de sus colonias: Norte de México y actual suroeste de estados Unidos, también en Argentina hay noticias de su presencia desde finales del siglo XVIII. Esta intensa propagación actual responde a las bondades de su aceite y su alto valor económico.

Las flores del olivo, de donde posteriormente brotan los frutos, son blancas con tonalidades verdaceas y se disponen en la planta en forma de racimos con cáliz en la cúpula y corola de cuatro pétalos. Cuentan con dos estambres. En el proceso de polinización se transfiere el polen de los estambres de una flor al de la misma flor o al de otras del mismo árbol, o de plantas vecinas.

Semanas antes de la floración se reduce el agua y los nutrientes, lo que provoca que disminuya el número de flores por inflorescencia.

El olivo cuenta con varias subespecies distribuidas en diversas zonas del planeta, desde Sudáfrica, China, la Macaronesia, y por supuesto la Cuenca del Mediterráneo.

Un aspecto muy importante para los cultivadores de olivos es el concerniente a la alternancia de las buenas y malas cosechas, que transcurre como un proceso natural de las plantas, en que intervienen sus hormonas, y sin que se tenga hasta el presente una comprensión acabada del problema y de cómo evitarlo o modificarlo. Algunas variedades sufren este fenómeno (*vecería*) más que otras.

El fruto del olivo, aceituna, como comúnmente se le conoce, consta de las siguientes partes: pedúnculo, epicarpio mesocarpio (parte carnosa), endocarpio (hueso) y embrión (semilla). En el transcurso de su crecimiento va cambiando de tonalidad (al igual que muchos frutos de otras plantas): del verde al verde amarillento, después, cuando se inicia la cosecha es cuando aparecen tonalidades o puntos morados, y al final toma una coloración negro azulada.

La siembra o propagación de los olivos se puede efectuar de muy diferentes maneras, aunque generalmente se realiza por semillas o mediante estacas. Esta última resulta la técnica más empleada por permitir, mediante propagación clónica, plantas genéricamente iguales que las predecesoras, manteniéndose la pureza de la especie.

Como norma general, se emplean tallos o estacas de cuatro o cinco años de edad, que al enterrarse, con el tiempo, producirán raíces y nuevos tallos, esto es, una nueva planta. El enraizamiento puede realizarse también en viveros, para después ser trasplantados, con lo que se mejora la eficiencia de la siembra al tener muchas nuevas plantas concentradas y facilitarse las labores de atención. En definitiva, existen muchas formas de llevar a cabo la propagación dadas las bondades de los olivos en este sentido.

Atendiendo a su facilidad de propagación es que actualmente se cuentan con olivares en muchas regiones del mundo, como: Argentina, Chile, Uruguay, Brasil, California, Sudáfrica, Oceanía, el Medio Oriente, entre otros, aunque prevalece como centro y zona más importante la Cuenca del Mediterráneo, así como una cultura ancestral en sus pobladores relacionadas con este cultivo.

Para elegir la variedad de olivo a plantar es necesario tener en cuenta la composición del suelo, el clima: temperatura media y máximas en verano y mínimas en invierno, el tiempo medio de luz solar, las precipitaciones, la humedad, etc.

Para grandes superficies es preferible sembrar dos o más variedades de diferente época de maduración con el fin de lograr una cosecha escalonada, con lo cual esta se alarga y se mejora el rendimiento de producción, disminuyéndose así los costos.

La población media de árboles por hectárea depende de los factores anteriormente mencionados, aunque generalmente se encuentra entre 200 ó 300, con lo cual las plantas no tienen que competir entre si por el agua, la luz y los nutrientes, y se comienza una producción rápida con alto rendimiento. Debe evitarse que en la adultez los árboles compartan sombra entre sí, pues de esta forma se apropian de menos luz solar, necesaria para efectuar la fotosíntesis.

El incremento en la población de plantas por hectárea puede realizarse hasta multiplicarse las cifras anteriores, siempre que se cuente con las variedades adecuadas y una tecnología agrícola eficiente, incluyendo regadío y mecanización de la cosecha, con lo que los resultados pueden ser muy favorables como se ha apreciado en algunos cultivos de España.

En condiciones adecuadas, las plantaciones comienzan a dar sus frutos entre el 3ro y el 5to año, y ya en el 9no alcanzan generalmente un nivel óptimo de producción. Los árboles pueden seguirse explotando durante decenas de años manteniendo una poda adecuada a medida que avanza su edad.

Aunque hay cientos de variedades de olivos las más empleadas para producir aceite son: la Picual (Jaén), Picudo (Baena), Hojiblanca (Lucena), Arbequina (Lérida), Empeltre, (Aragón), entre otras.

La Picual es la más cultivada en España, es de fácil propagación por estacas, de producción precoz y elevada, auto fértil, mecanizable y resistente al frío. Su aceite es de gran calidad con un perfil lipídico elevado de ácido oleico y poco oxidable, lo que evita, o retarda el enranciamiento; su sabor es muy fuerte e intenso.

Picudo: Está muy extendido su cultivo. Se caracteriza por una producción precoz, elevada y alterna. Posee además, una alta capacidad polinizadora y de enraizamiento. El fruto es muy empleado como aceituna de mesa.

Hojiblanca: De hojas claras, que dan origen a su nombre, posee una capacidad de enraizamiento discreta pero suficiente, así como una floración media a tardía. Los frutos se encuentran fuertemente unidos a las ramas dificultando así la recolección por medios mecánicos. También la pulpa y el hueso están muy adheridos entre sí, lo que hace más difícil su separación. En contrapartida, hay que señalar que esta variedad es muy resistente a la sequía y al frió, así como poco exigente con los suelos.

 Arbequina: Presenta alta capacidad de enraizamiento, es poco vigorosa, lo que facilita su producción intensiva; es de producción precoz y presenta alta productividad. El fruto está poco retenido a los árboles, pero es de tamaño reducido, lo que dificulta la cosecha mecanizada.

Empeltre: Muestra baja capacidad de enraizamiento lo que hace recomendable su propagación mediante injertos. Su entrada en producción es tardía, presenta floración temprana y producción elevada y constante. Los frutos se encuentran débilmente retenidos, lo que facilita la mecanización de la cosecha. Presenta un alto contenido en aceite muy aromático y de tonalidad amarillo claro y sabor dulzón. Es resistente a la sequía y se puede cultivar en terrenos relativamente áridos.

Plagas y enfermedades.

Los olivos, dada su longevidad, son atacados por diversos hongos, bacterias y fitófagos, dentro de los que se encuentran, principalmente:

Hongos: *Spilocae oliaginea, Fomitoporia punctata, Capnodium, elaeophilum*, entre otros.

Bacterias: *Pseudomonas savastanoi,* Xilella fastidiosa, entre otras.

Fitófagos: *Bactrocera oleae, Prays oleae, Oaissetia oleue*, entre otras.

En sentido general, para combatir las plagas, enfermedades y malas hierbas en los cultivos de olivo, se emplean diferentes medios: biológicos, biotecnológicos, físicos, propios de los métodos clásicos de labranza, y químicos. En la aplicación de medidas de control, estas se efectúan cuando los niveles superan un umbral crítico, qué determina la implantación de los medios a elección, tratando siempre de emplear los más adecuados.

En el caso de empleo de productos químicos, es necesario que estos se ajusten a las características de las enfermedades y plagas a combatir, y que conlleven el menor riesgo para los seres humanos, los animales, los insectos beneficiosos como las abejas, u otros relacionados con el control biológico de las plagas.

Las plagas y enfermedades que atacan las aceitunas, así como los golpes y fracturas que pueden sufrir durante el cultivo, y principalmente durante la época de la cosecha, afectan considerablemente la calidad del aceite de oliva obtenido y su clasificación como *virgen* apto para el consumo.

Xylella fastidiosa

En los últimos cuatro años las alarmas han sonado de modo intermitente en el sector del aceite de oliva de la Cuenca del Mediterráneo, donde se centra la mayor producción de aceite de oliva en el mundo, motivado por la bacteria conocida como *Xylella fastidiosa*, bautizada por sus estragos como *"el ébola de los olivos"*. Esta peligrosa bacteria causó intensos daños y perdidas económicas cuantiosas en la región italiana de Apulia, donde se detectó el brote en octubre 2013 y donde a partir de ahí se le responsabiliza con la muerte de más de un millón de árboles.

Se tiene noticias que después de la afectación de los olivares italianos antes referidos, la *Xylella fastidiosa* pasó a Córcega y Provenza (Francia), y a finales de 2016 a las Islas Baleares, España, y más reciente, se detectaron algunos árboles de frutos sensibles a la bacteria en la Comunidad valencia y hasta un caso en la propia Comunidad de Madrid, aunque hasta el momento no se reportan daños apreciables en la Península Ibérica.

Esta bacteria resulta letal para los olivos, por lo que se han retomado y se están tomando todas las medidas necesarias para que no alcancen las principales regiones de olivares hispánicos, sobre todo Andalucía.

La bacteria no afecta a personas ni animales, pero sí resulta letal para los olivos y otros árboles leñosos relacionados, obstruyendo la circulación de savia bruta a través de la planta. Su transmisión es ayudada por insectos. El resultado final sobre un olivo puede ser la sequía de hojas y ramas que conducen posteriormente a la muerte de la planta. Se hace difícil estudiar a fondo su efecto, pues puede venir acompañada de otros hongos patógenos.

El crecimiento óptimo de la bacteria es a temperaturas entre 26-28 °C y actúa sobre el xilema de la planta., los insectos que la transmiten son generalmente chupadores de salvia. Por debajo de 10 °C y sobre los 34 °C su actividad es limitada.

En su control y tratamiento se recurre a la poda de ramas infectadas, métodos térmicos mediante chorros de agua caliente, control químico de los insectos transmisores, así como el biocontrol mediante otras especies de microorganismos. Al final del capítulo se profundiza un poco más sobre este delicado tema.

Composición de las aceitunas:

El fruto del olivo: la aceituna, posee una cantidad elevada de nutrientes vitales para el organismo humano lo que constituye uno de los aspectos básicos que le da valor al aceite de oliva, además de la elevada proporción de grasas insaturadas, principalmente monoinsaturadas - *omega 9* -, como el ácido oleico que contiene. Muchos de estos componentes permanecen en el aceite de oliva virgen o sin refinar, brindándole, además, estabilidad y durabilidad al producto.

A grosso modo, la composición porcentual de los diferentes componentes de las aceitunas es la siguiente:

Grasas: 16,3 %

 -Saturadas: 2,03 %

 -Monoinsaturadas: 11,3 %

 -Poliinsaturadas: 3,03 %

Carbohidratos: 4,4 %

 -Azucares: 0,55 %

 -Fibra: 3,85 %

Proteínas: 1,03 %

Vitaminas, en menor porciento: **A, B, E, K.**

A (Retinol), β- caroteno, Tiamina **(B1)**, Riboflavina: **(B2)**, Niacina: **(B3)**, **B6**, Ácido fólico: **(B9)**, **E** (tocoferoles) y **K.**

Minerales: Na, K, Fe, P, Ca y Mg.

Agua: 50 %

Un estudio más detallado sobre la composición media de los frutos, y del aceite de oliva en particular, se tratará más adelante, pues esto es lo que le da importancia y utilidad a este aceite y los demás productos comerciables del olivo, como las aceitunas.

Principales países productores de aceitunas.

Como es de suponer, los principales productores de aceitunas a nivel mundial pertenecen a la Cuenca del Mediterráneo, aunque es de esperar que en próximas épocas esta distribución comience a cambiar de manera apreciable, atendiendo a la intensa proliferación que está teniendo este cultivo en los últimos años en diferentes regiones del mundo.

En 2011 los diez principales países productores de aceitunas fueron:

Principales países productores de aceitunas (año 2011).

Puesto	País	Producción (TM)	Área cult. (ha)	Rend. kg/ha
	Mundial	20 545,4	10 057,6	2 048,8
1	España	7 820,1	2 503,7	3 123,4
2	Italia	3 182,2	1 144,4	2 780,6
3	Grecia	2 000,0	850,0	2 352,9
4	Turquía	1 750,0	786,3	2 225,6
5	Marruecos	1 415,9	900,7	1 571,9
6	Siria	1 095,1	684,5	1 599,8
7	Argelia	610,8	311,9	1 958,1
8	Túnez	562,0	1 780,0	315,7
9	Egipto	459, 0	52,7	8 727,3
10	Portugal	443, 0	343,2	1 293,1

XILELLA FASTIDIOSA

CAPÍTULO III

Xylella fastidiosa

Como si el aceite de oliva, y más que este, los olivos, no tuviesen más que suficiente con la feroz competencia y guerra sin cuartel que se libra en el sector de los aceites vegetales comestibles, donde a veces nada es lo que parece, surge ahora un nuevo y letal enemigo, una pequeñísima especie de dimensiones minúsculas, del orden de las micras, con el objeto de "aguarle la fiesta" infectando cuanto olivo pueda encontrar a su paso, y no solo a estos, sino también a otros frutales y árboles leñosos, que es su especialidad. Nos referimos a una bacteria que *fastidia*, molesta y puede causar grandes daños al sector olivicultor europeo, y en general al de la Cuenca del Mediterráneo, y no es que pueda causar, sino que ya causó en Italia con la afectación de más de 500 000 olivos. La bacteria en cuestión es la *Xillela fastidiosa,* y sobre ella se tratará a continuación.

La cifra anterior de olivos afectados por la Xilella pudiese parecer exagerada, pero no es así, y no es que los propietarios de los olivares de Apulia en Italia quieran lamentarse o llorar más de lo debido, es que para algunos pequeños productores estas plantas son como sus hijos, a los efectos del cuidado y amor con que las tratan, pero más que esto, como sus padres, pues han nacido y crecido a su lado, disfrutando de su sombra, encontrando belleza en esos árboles a veces con aspecto fantasmagórico que habitan los alrededores en sus paseos durante los atardeceres, pero que han vivido a su lado las venturas y las desventuras de los buenos y los malos tiempos, la felicidad y la tragedia, y más que esto, la vida y la muerte, el nacer y el perecer, el vivir y el morir.

No habría palabras para describir el lamento de los pequeños propietarios de olivares de tiempos remotos, que día a día contemplaban sus olivos centenarios en espera de la cosecha, unos años buenas y otros malas, unas veces con la obtención de

31

un producto de calidad extrema y otras con la necesidad de enviarlo a las grandes refinerías, pues por determinadas razones: biológicas, climáticas, generalmente ajenas a su dedicada y sacrificada labor, lloran por dentro, con los puños crispados, la impotencia de no poder hacer nada ante factores externos ajenos a su actuar cotidiano.

La *Xylella fastidiosa* no nació, o se descubrió en olivares, ni siquiera en la Cuenca del Mediterráneo, sino en campos de viñedos del Norte de California, y no ahora, sino sobre la octava década del siglo XIX. Allí la encontró Newton B. Pierce bajo encargo del Departamento de Agricultura de Estados Unidos en 1889, y a pesar de que sus estudios no llegaron a resultados concluyentes, se relaciona con él su descubrimiento, que aún causa actualmente daños por más de 100 millones de dólares a los viticultores californianos.

La *Xylella fastidiosa* es una bacteria fitopatógena del género *Proteobacterioa* que debe su caracterización a Wells y sus colaboradores en época relativamente reciente, en 1987, pues una de las causas de su nombre: "*fastidiosa*" fue lo difícil de estudiar y caracterizar, tanto como *fastidia* en los cultivos, sobre todo frutales de gran importancia económica, como los viñedos, melocotoneros, ciruelos, almendros, entre otros, a más que como se estudia en este caso, a los olivos, y muchas más plantas leñosas sean frutales o no.

Independientemente de los daños que causa en América, en 2013 hizo su aparición de forma sorprendente en Italia, en la región de Apulia, en el Sur de la península, donde destruyó más de 20 000 ha de cultivo, con la pérdida de cientos de miles de árboles, pero la bacteria tiene aliados, poderosos aliados: los insectos que la transportan de un lugar a otro con la velocidad propia de sus movimientos, de manera que tres años después, en 2016 comenzó su paseo por las Islas Baleares, poco después desembarcó en Valencia y ya se han encontrado árboles infectados en el centro de la península Ibérica, Madrid, aunque los daños causados no son de destacar y nada semejante de lo acaecido en Italia.

Pero ante esta situación, es normal que el miedo se apodere de los olivicultores hispanos, máxime que este es uno de los renglones más importantes de su economía y da empleo a cientos de miles de personas, acompañado de ganancias para el país del orden de los miles de millones de euros, pero además, los olivos forman parte de la historia y la cultura hispánica desde épocas inmemoriales, y son así, como en las plantas, lo que son los toros para los españoles, y puede que aún más, porque hay muchísimos más olivos que toros, y pocos consumen toros, pero si muchos aceitunas y aceite de oliva, además de vivir de estos. Es algo así como parte del orgullo hispánico, también del italiano, del griego, del tunecino y de toda región que ha tomado los olivos como fuente de subsistencia.

Como aceite vegetal comestible, el de oliva está considerado como el mejor de todos, el más completo en lo que se refiere a efectos beneficiosos para la salud y para la prevención de las enfermedades cardiovasculares, pero además, es la nave proa, el centro de una de las dietas más importante que se conoce: la mediterránea, considerada por muchos la más completa de todas las dietas. Y esta ve peligrar su nave insignia, la que la guía por los inmensos abismos nutricionales, y no vemos que pueda existir *dieta mediterránea* sin el aceite de oliva.

Resulta difícil de comprender como un pequeño microorganismo de unas escasas micras de longitud, pueda causar tanto daño y deterioro en las plantas, pero sí que lo hace, y de qué manera, y en qué magnitud.

¿Pero cómo actúa esta bacteria? Lo hace de una forma muy sencilla, pero eficaz y también a su misma escala microscópica: tapona los vasos por donde circula la savia que transporta los nutrientes a la planta, de manera que las células de estas en ramas y hojas, al no recibir nutrientes mueren y al final esto sucede con toda la planta.

Pero ahí no termina el daño de la bacteria, esta puede pasar a insectos del género cicadélicos, eso es lo que se considera, cuando estos se alimentan del xilema de la planta y de ahí viajar cómodamente a otras, donde se aloja inmediatamente comenzando de nuevo el ciclo destructivo, y como un mismo insecto puede dañar varias plantas, ocurre como una reacción en cadena, como en las armas nucleares con efecto contagioso y devastador.

Por suerte los daños en las Islas Baleares fueron principalmente en los almendros, pero que ocurriría si infectan los olivares de Jaén en Andalucía y en definitiva del Sur de España, principal productor de aceite de oliva del mundo, y más que principal, el que produce más de la mitad de todo el volumen mundial, a la vez de ser el principal consumidor y exportador.

"Si ves las barbas de tu vecino arder pon las tuyas en remojo", así dice el viejo proverbio que nos contaban nuestros padres y abuelos, y parece que esto está ocurriendo. Todos temen a esta peligrosa plaga, a esta pequeña bacteria de unas micras de tamaño. ¡Cuan compleja es la naturaleza!, y al igual que los átomos, aún más pequeños, son los ladrillos con los que se construye el Universo, estos pequeños microorganismos pueden, en un efecto adverso destruir toda una cultura productiva, aunque esperemos que los medios tecnológicos actuales logren frenar el avance de esta bacteria, pues no es la primera vez que los seres humanos se enfrentan a la acción de nuestros pequeños acompañantes, la generalidad de las veces benignos, pero también malignos como en este caso, aunque para las bacterias estas solo hacen lo que les dicta su estructura y fisiología celular: nacer, desarrollarse, reproducirse, y morir en cualesquiera de las circunstancias posibles, y bien que ejecutan su función.

Para que se tenga una noción del daño que puede sufrir el sector de los olivicultores por este y otros problemas, baste decir que de año en año la producción de aceites vegetales de diferentes especies oleaginosas se incrementa en el mundo, sin embargo, el de los olivos, pese a que ya su siembra se ha propagado a casi todos los confines del planeta, se mantiene estable, unas veces aumenta ligeramente, otras se contrae, pese a que este es uno de los productos más demandados entre los aceites vegetales y en general en la esfera alimenticia, por ejemplo, para la temporada 2017-2018 se espera una producción total de solo 2,894 MT, nada comparable a los más de 60 millones del aceite de palma que se considera sea su volumen de producción en el mismo año.

Ubicándonos en la posible incidencia de la *Xilella*, la producción mundial de aceite de oliva en la campaña 2013-2014 fue de 3,252 MT, de las cuales España produjo 1,782 MT, (72,5 %) e Italia, segundo productor mundial 0,464 MT (14,3 %) pero al año siguiente se manifestó una brusca disminución: la producción mundial cayó hasta 2,458 MT, con un descenso de 0,794 MT. En esa campaña la producción de Italia fue solo de 0,222 TM con una disminución de 0,242 MT, más del 50 %, lo más probable, por la incidencia de la plaga bacteriana.

¿Pero cómo combatir la plaga?

La *Xylella fastidiosa* habita en el xilema vegetal y hay insectos que se alimentan de este, como la cigarra, por ejemplo, que puede propagarla y convertirse en un vector trasmisor de la plaga hacia otras plantas de manera ininterrumpida, con una rápida e incontrolable propagación de la enfermedad.

Se contabilizan más de 300 especies de árboles sensibles al ataque de la *Xylella fastidiosa,* de la cual hay varias subespecies como la *pauca* que fue la que contagió y destruyó los olivos de Abulia en Italia.

Como medida de control inicial, se está evitando el tránsito de especies de árboles que puedan ser atacados por la *Xylella* dentro de la Unión Europea, aunque son de semillas consideradas que no han tenido nada que ver con la propagación.

Se orienta también, la formación de zonas tampón exterior a los cultivos infectados para evitar la propagación. A veces estas pueden alcanzar distancias de más de una decena de km.

Alrededor de las plantas infectadas, además de erradicar estas en 100 m a la redonda, se eliminan todas las plantas posibles de ser atacadas, sean olivos o no.

La superficie sometida a las medidas de emergencia por las autoridades europeas en Italia fue de más de medio millón de hectáreas. Solo en la provincia de Lecce, en la región italiana de Apulia, esta fue de más de 300 000 ha con más de diez millones de olivos puestos bajo cuarentena, muchos de los cuales, cerca de 3 millones rondan los cien años de edad, aunque se comprobó que se encontraban en buenas condiciones fitosanitarias, pero de todas maneras y como dice el viejo refrán "más vale precaver que tener que lamentar"

Las subespecies que afectaron Baleares son la *múltiple, fastidiosa y pauca*, que atacan también al almendro, la lavanda, los cerezos, el mirto, el romero y la vid, entre otros. En Alicante se detectaron dos focos afectando a los almendros, achacado a la *múltiple*.

Los posibles vectores que pueden llegar a España son árboles de jardinería procedentes de América, así como café y frutales, también tierras procedentes de otras regiones infectadas. Resulta necesario tener en cuenta, además, el material introducido por el movimiento de personas o por insectos viajeros.

En la región de Apulia, en Italia, la *Xilella* se propagó preferentemente a través de un insecto común en los olivos conocido como espumadora (*Philaenus spumarius*), este es un ente polífago abundante en los olivos

No hay medios prácticos conocidos para la cura de la planta una vez infectada. La poda sistemática, la fertilización y el riego pueden ayudar a prevenir la enfermedad. No hay pruebas suficientes de que hongos y otras enfermedades patógenas que afectan a los olivos pueden facilitar la infección con la *Xilella*, aunque algunos han supuesto, o consideran lo contrario, dada la avanzada edad de muchos olivos y su estado fitosanitario no óptimo, o falto de controles sistemáticos

La única vía de lucha para enfrentar la enfermedad es contra los vectores de transmisión, y la erradicación de las plantas enfermas, aunque se ha encontrado que la poda severa de algunas partes enfermas ha posibilitado el nacimiento de brotes sanos. Pero esto no es concluyente, y el mantener las plantas infectadas vivas puede facilitar el contagio a otras sanas.

En la lucha contra los vectores es necesario realizar tratamientos fitosanitarios que van desde la eliminación de las malas hierbas donde se completa el ciclo de vida de los insectos, hasta el uso de productos fitosanitarios antes de la eliminación de las plantas infectadas, siguiendo las normas agrícolas y sanitarias establecidas.

Es necesario que la tala alrededor de las plantas infectadas sea rasa y total, pues pueden quedar focos de infección.

La *Xylella fastidiosa* está en evolución y pueden surgir nuevas subespecies, además de las existentes, con los problemas que esto trae asociado para su control. Dentro de sus características es necesario destacar que es una bacteria Gram negativa con pared celular. Posee movilidad vertical dentro del xilema de la planta, así como adhesión, pero no flagelos.

Como se expresó anteriormente, las subespecies activas conocidas hasta ahora de xylellas son: *fastidiosa, múltiple, pauca y sandyi* que atacan diferentes tipos de árboles y arbustos.

Ningún país de la Unión Europea se considera a salvo de esta peligrosa bacteria, así por ejemplo, en 2012 se encontraron en Francia plantas infectadas, y dos años después, en Holanda en 2014 se detectaron plantas de café importadas desde Costa Rica infectadas con *Xilella fastidiosa*.

Por consiguiente, las medidas de control instrumentadas en la lucha contra la *Xilella fastidiosa* consisten en:

MEDIDAS DE CONTROL

1. **Exclusión**. Evitar que otros organismos entren en la zona donde esté presente la bacteria. Controles en fronteras, regular la entrada de árboles de fuera de las regiones no afectadas.

2. **Erradicación**. Eliminar cualquier planta que presente síntomas de la enfermedad. Esta medida solo muestra una efectividad limitada en los primeros momentos de detectada la plaga y con un determinado número de árboles. En correspondencia, es necesario eliminar los árboles asintomáticos que circundan el lugar de la infección, lo que constituye una medida necesaria de prevención, pero que a la vez trae consigo un elevado coste económico, así como problemas, litigios y la aplicación de políticas de indemnización con los cultivadores afectados.

3. **Escape.** Con esto se evita el contacto con el inóculo de la infección, y es necesario producir plantas madres libres de *Xillela fastidosa* en invernaderos cubiertos de mallas que eviten la presencia de vectores.

4. **Resistencia**. Esta medida tiende a lograr la obtención de plantas resistentes a la enfermedad, que a la postre es el método más adecuado, pero que está acompañado de un largo y costosos proceso de investigación, por ejemplo, se han logrado híbridos de mandarina y naranja inmunes al ataque de esta bacteria. También se han desarrollado semillas transgénicas, pero esto choca con la legislación de muchos países, incluyendo la propia Unión Europea.

5. **Culturales y químicas**, para disminuir el inóculo de la planta y exterminar   vectores de la enfermedad, entre ellos: la poda sistemática y la eliminación de malezas cercanas, tratamientos con agentes químicos -insecticidas, herbicidas, etc. -, bajo un férreo control y

con el empleo de productos aprobados según las normativas agrícolas al efecto, y por último eliminar la cubierta vegetal y controlar zonas que puedan servir de alojamiento y supervivencia de los vectores.

ACEITE DE LOS OLIVOS

CAPÍTULO IV

El aceite de los olivos

Aceite de oliva

Aceite de oliva, nombre que dicho en una mesa de personas apasionadas a la cocina representa algo así como la *panacea universal,* o el oro para los buscadores de fortuna, tales son consideradas las bondades de este tipo de aceite originario de la Cuenca del Mediterráneo y rico, muy rico en ácidos grasos del tipo *omega 9,* como el oleico, y también antioxidantes, polifenoles, vitaminas, y minerales, entre otros componentes secundarios considerados beneficiosos para la salud.

El aceite de oliva es un aceite vegetal que se extrae por prensado y después filtrado, del fruto del árbol del olivo, *aceituna,* por lo que se diferencia en este sentido del obtenido de semillas como el girasol, la colza, la soja o el maíz, que son sometidos después a un proceso de refinación. Esto es posible porque las cualidades organolépticas del aceite de oliva virgen así lo permiten y más de la quinta parte del fruto integral es aceite, así como alrededor del 30 % de su pulpa.

El aceite de oliva se emplea principalmente en cocina para preparar y elaborar alimentos, a diferencia del de otros aceites que tienen diversos usos en la industria, bien alimenticia, biocombustibles, cosméticos, etc., lo que es debido, más que todo, a su alta calidad para el consumo humano y el alto precio que alcanza en el mercado, superior en 4 ó 5 veces al de los demás, dada la alta demanda y los costos agrícolas de producción en un tipo de cosecha poco mecanizable, con un rendimiento por hectárea inferior al de otros aceites comunes.

La extracción del jugo de las aceitunas es relativamente sencilla, y en tiempos inmemorables se realizaba en rústicos molinos de piedra: *almazaras,* que aún se pueden encontrar como objetos museables y también en algunas empresas tradicionales.

El proceso de extracción del aceite de oliva es tan simple que se puede preparar hasta en las casas, con recursos muy limitados, contando simplemente con una sencilla máquina de moler y una prensa operada con un *gato hidráulico* de automóviles. Claro, actualmente no es recomendable ni necesaria esta práctica, sobre todo en las ciudades y en zonas alejadas de los cultivos, por infinidad de razones prácticas y económicas que saltan a simple vista.

La extracción del aceite se hace tomando como partida aceitunas frescas en su fase inicial de maduración (6 a 8 meses), que coincide con su etapa de óptimo rendimiento. Estas, llevadas a la fábrica y limpias de hojas, restos de ramas, etc. son lavadas, después molidas y finalmente filtrada la torta semisólida, rindiendo un aceite de color verde a verde oscuro (aceite de oliva virgen, o virgen extra), que muestra un sabor, acidez y amargor característico, debido a sustancias no aceitosas que acompañan al jugo, que lejos de constituir compuestos indeseables, incrementan el valor de este aceite, pues son ricos en vitaminas y antioxidantes naturales tales como caroteno, niacina, tocoferoles y polifenoles, entre otros.

A diferencia de otros aceites, el extracto *crudo* constituye el producto básico o estrella de la industria del aceite de oliva, es de gran estabilidad por la presencia de antioxidantes naturales y contiene muchas sustancias bioactivas valoradas como benignas y beneficiosas para la salud.

Dependiendo de la calidad de este primer aceite determinada por expertos mediante cata tradicional: olor, color, sabor, etc., es que se toma este para envasar directamente como oliva *virgen* si reúne los indicadores exigidos, o *lampante* si su calidad no es la adecuada para el consumo inmediato, por lo que esta última fracción se envía al proceso de refinación.

La fracción *lampante*, una vez pasada al proceso de refinación en unión de otros productos derivados del proceso fabril, y con el empleo de disolventes orgánicos, pierde el término *virgen* y el resultado final será el de un aceite de oliva refinado semejante a los demás aceites vegetales de uso común, sean de semillas, o no.

Los aceites obtenidos por refinación son transparentes, tienen un aspecto claro: verde o verde amarillento, incluso ligeramente amarillo, que se clasifica en función de la acidez: 0,1 y 0,4 grados, respectivamente. En ellos se ha perdido una gran parte de los productos iniciales beneficiosos para la salud, por lo que su calidad es menor que el de oliva virgen, aunque su precio sigue siendo mayor, entre dos o tres veces al de otros aceites, como el de girasol, para tomarlo como referencia.

También del hueso del fruto, o semilla de la aceituna se extrae un aceite de calidad inferior que se nombra de *orujo*, que también se comercializa.

El aceite de oliva es susceptible de sufrir alteraciones en su composición química por efecto de las radiaciones de mayor energía de la luz solar (**UV**), por lo que se emplean en su envase comercial vidrios o plásticos coloreados. Generalmente los envasados en cristal de color verde son los de mayor calidad y corresponden, a veces, a fábricas que ostentan en sus etiquetas muchos años de antigüedad (algunas de ellas remontadas a siglos anteriores), denominaciones de origen, zona de cultivo, etc.

La elaboración del aceite de oliva está muy relacionada con normas y costumbres ancestrales de sus productores, y no está ceñida totalmente a indicadores técnicos de cultivo como los de otras plantas oleaginosas.

En los últimos meses del año, época de mayor rendimiento en aceite de los frutos, comienza la recolección de las aceitunas, realizada anteriormente mediante el sistema de *ordeño* y *vareo*, el primero directamente con las manos y el segundo consistente en golpear y cimbrear fuertemente con una vara las ramas cargadas de aceitunas, unas relativamente altas, que caen sobre una lona o manto semejante que cubre el suelo, para que no se contagien con tierra o más impurezas. Este proceso va precedido de una buena limpieza de hierbas y malezas, así como de alisamiento del terreno para facilitar la puesta de las cubiertas sobre una superficie totalmente liza.

Antiguamente las hojas, ramas, astillas de madera y otras impurezas eran separadas manualmente en el mismo campo, trabajo generalmente realizado por mujeres temporeras, pero actualmente se ejecuta en las fábricas empleando medios mecánicos.

El sistema de *vareo* ha sido modificado en la mayor parte de los casos mediante el empleo de vibradores mecánicos ajustados a largas varas, con los que se sacuden las ramas aliviando el esfuerzo humano y aumentando el rendimiento, también las fincas de mayor extensión, cuando el tipo de fruto y las condiciones de cultivo lo facilitan, acuden a maquinarias agrícolas que rodean la planta, la ajustan como con una pinza, y la sacuden fuertemente haciendo aún la recolección más eficiente. De todas formas, este método es necesario completarlo con el de *vareo* para completar la separación de los frutos que quedan sin desprenderse.

Los frutos son trasladados inmediatamente a la *almazara* o fábrica, pues se deterioran rápidamente alterando su composición, gusto, aroma, etc., esto es, su calidad y la del aceite a extraer.

Pese a los golpes mecánicos, propios de los medios de recolección empleados, es necesario que los frutos sufran el menor daño posible, sobre todo roturas, para así evitar la entrada de hongos que pueden afectar las características organolépticas del aceite, y en general el rendimiento de la fábrica. Por esta razón, es necesario diferenciar a las aceitunas caídas al suelo que han recibido algún tipo de golpe, o incluso traumas en su estructura, de las tomadas directamente del árbol mediante el ancestral método de *ordeño*.

En general, debe aplicarse el sistema de recolección que menos dañe a los frutos. De todas formas, el ordeño manual resulta el método más adecuado para obtener un mejor aceite, claro está que esto encarece el proceso y el producto, ya de hecho relativamente costoso.

Ya en la fábrica, se limpian y criban las aceitunas para eliminar las hojas, tallos, tierra, etc. y se lavan con agua a temperatura ambiente, con lo que se elimina el polvo adherido a las aceitunas por meses a la intemperie, así como los restos de plaguicidas, si los olivos han sido tratados con estos productos. Es recomendable que el fruto se procese antes de las 24 horas de recolectado.

En el proceso de molienda se rompen los tejidos del fruto para que el aceite pueda ser expulsado de sus células, proceso en que generalmente se emplean martillos metálicos girando a gran velocidad. La pasta obtenida se bate lentamente durante un tiempo determinado para facilitar la extracción del aceite de las células, cuestión que generalmente se realiza a una temperatura media de 25-30 °C para que no aumente la viscosidad del aceite mientras se forma la masa aceitosa.

El tiempo de batido no debe ser excesivamente largo, para no afectar la pérdida o transformación de productos vitales para la calidad del aceite virgen, como los tocoferoles y polifenoles, y se logre un aceite de oliva virgen con el mejor color, sabor y aroma posible, así como los demás factores organolépticos deseados.

Para la separación del aceite de la pasta, que contiene agua, y el resto de los componentes sólidos molidos del fruto, incluyendo las semillas trituradas (orujo), esta se somete a un proceso de extracción discontinua por prensado, método tradicional casi en desuso, o aún mejor, mediante un proceso continuo de centrifugación, en el que la pasta pasa por centrifugadoras que separan, por diferencia de densidad, el aceite del agua y el orujo. Este proceso es continuo y muy eficiente.

Dentro de las diferentes variantes del método de centrifugación, en algunas de estas se le añade agua antes de batirse la masa, pero sobresale más que este conocido como de *dos fases,* el de centrifugar directamente la mezcla aceitosa original sin adicionarle agua, en el que los residuos sólidos y líquidos salen juntos, resultando más complejo el tratamiento residual por cuanto este contiene tres cuartas partes de agua, por lo que para deshidratarlo se recurre a temperaturas un poco más altas, pero por el contrario, se emplea mucha menos agua y energía haciendo más eficiente el proceso.

El aceite que sale de la separación del resto de los componentes de la torta (oliva virgen, o virgen extra), con un rendimiento cercano al 20 % del fruto, es factible de emplear sin sufrir alteraciones apreciables al menos durante un año.

La torta restante salida del proceso de separación aún contiene cantidades apreciables de aceite y una vez separado el líquido que la acompaña se conoce como *orujo,* y se extrae su aceite empleando disolventes orgánicos como en el resto de los procesos de refinación de los aceites de semillas. Se suman también, en este proceso, los aceites de oliva crudos que no superaron las pruebas de cata obligatorias y presentan niveles inadecuados de ácidos u otros indicadores indeseables de sabor y olor (*lampantes*).

El proceso de refinado, en el caso del aceite de oliva, consta de los siguientes pasos:

-**Winterización**: Es el proceso seguido en la refinación de aceites vegetales para eliminar, mediante precipitación por descenso de la temperatura, los materiales poco solubles como ceras, moléculas derivadas de los ácidos grasos superiores al esteárico, etc. Para esto, se enfrían los aceites para eliminar los glicéridos de temperatura de ebullición más elevada (estearatos, ceras, esteroles, etc.) generalmente asociados a las cadenas carbonadas saturadas, que se solidifican para ser separados por filtración posterior. Generalmente, este proceso, como se realiza en los meses de invierno, no requiere enfriamiento, pero ante una gran demanda se recurre a medios de refrigeración convencionales. En esta etapa se hace necesario dejar reposar el producto a bajas temperaturas (5 °C) durante un tiempo aproximado de 24 horas (1día).

-**Desresinificación, o desgomificación**. Es el proceso en el cual se separan los mucílagos y gomas, entre ellos las lecitinas presentes en la mezcla.

-**Decoloración.** Se efectúa mediante carbón activado u otro material adsorbente, y en él se eliminan las sustancias responsables de colores intensos, como el verde muy oscuro y el pardo, correspondiente a productos oxidados.

-**Neutralización**: Con ella se logra reducir el grado de acidez o pH mediante el tratamiento con disoluciones alcalinas de hidróxido de sodio, en un proceso semejante a la saponificación, produciendo jabones de los ácidos libres insolubles en el aceite, por su carácter relativamente polar.

-**Desodorización.** Este proceso se realiza mediante agua sobrecalentada al vacío, empleando temperaturas entre 160-180 °C y en él se expulsan las sustancias más volátiles, como aldehídos y cetonas, causantes de olores intensos no deseados que pueden alterar sensiblemente la calidad del producto.

Algunos de estos últimos procesos tecnológicos se realizan en refinerías modernas, pues las fábricas o *almazaras* tradicionales no cuentan con equipamiento y medios técnicos adecuados para llevarlos a cabo de forma eficiente.

A través de estos procesos, el aceite de oliva (ahora *refinado*) pierde la mayor cantidad de los productos biológicamente activos y beneficiosos para la salud presentes en el aceite de oliva *virgen*, por lo que generalmente se mezcla con cierta cantidad de este en determinada proporción (10 al 20%), lo que lo hace un *aceite rectificado,* que si bien no contiene los componentes activos en altas proporciones, sí en cantidades relativamente adecuadas, por lo que son en este sentido superiores a los tradicionales aceites refinados de semillas.

Por todo lo anterior, el esquema de obtención de aceite de oliva pierde su aparente simpleza y aparecen en el mercado una serie de aceites diferenciados en cuanto a su composición, fundamentalmente en lo concerniente a las materias insaponificables que acompañan a los glicéridos, lo que da lugar a diferentes tipos y calidades de aceites.

Atendiendo a lo expuesto sobre la diversidad de aceites y para proteger un tanto los productos originales de las posibles, tal vez frecuentes, adulteraciones que pueden sufrir los aceites de oliva, la Unión Europea (**UE**) y otros organismos internacionales como el Consejo Oleícola Internacional (**COI**)), han establecido normas clasificatorias de estricto control que en el caso de la **UE** se detallan a continuación:

-**Virgen extra**: Obtenido exclusivamente de aceitunas en buen estado mediante procedimientos mecánicos, de óptimo olor y sabor según cata de profesionales especializados, con grado de acidez menor que 0,8° y con 0 como media en frutado y endulzado. No puede tener una concentración mayor de 20 meq/L de oxígeno activo (índice de peróxidos), responsable del sabor rancio o defectuoso de los aceites.

Virgen: Obtenido de acuerdo a los mismos requerimientos del aceite de oliva virgen extra, aunque con mayor grado de acidez, entre 0,8 a 2°, con indicadores de defectos inferiores a 3,5, no perceptibles, y frutado 0. Su sabor es más suave y contiene una concentración inferior de antioxidantes que el virgen extra.

Aceite de oliva: Mezcla en proporciones adecuadas de aceite de oliva virgen, y refinado obtenido de los aceites marcados defectuosos al no haber alcanzado los indicadores básicos de calidad del de oliva virgen, y del remanente no extraído de las tortas durante el proceso de producción de oliva virgen.

En el proceso de obtención del aceite de oliva genéricamente nombrado, se emplean métodos químicos de purificación, por lo que su calidad es inferior a los vírgenes en lo concerniente a la proporción de componentes no saponificables biológicamente activos. El grado de acidez en este aceite no puede ser mayor que 1. También se muestran en mercados como aceite de oliva *suave, o intenso,* cuestión no recogida en las normas de la **UE**, y que a nuestro juicio pueden confundir al consumidor.

Aceite de orujo: Consiste en una mezcla de aceite refinado de orujo extraídos de la tortas donde se ha separado el aceite virgen, y después mezclado con una parte de este, sin que la acidez del producto final sea superior a 1,5°.

Es de señalar, que además de los aceites relacionados anteriormente, está el denominado *lampante,* como se le llamaba anteriormente por su empleo en lámparas para la iluminación. Este es un aceite crudo no recomendado para el consumo humano porque contiene sustancias indeseables, sobre todo organolépticas, debidas a componentes de frutos no óptimos para la producción de aceite, pero adecuado para la refinación, y después mezclado con una proporción de aceite virgen del 10-20 %, se expende bajo el genérico de *aceite de oliva.*

El aceite de oliva lampante presenta como características básicas: acidez mayor de 2°, defectos en cata mayores de 2,5, y la mediana del frutado igual a 0. En general es muy ácido, con sabor y olores si no desagradables, alejados de los aceites de oliva virgen originales.

Esta diversidad de géneros hace complejo para el consumidor la compra de aceite de oliva según sus requerimientos, ya que la generalidad del público medio está ajena a conocer los indicadores por los cuales se rige esta clasificación, que se suma a la gran variedad de aceites de diferentes tipos que se comercializan, cuestión esta, que a juicio del autor, debe ser motivo de reflexión por los organismos implicados, porque las personas deben y desean consumir los aceites adecuados de acuerdo al uso que se le va a dar, y entre tanta confusión de tipos y denominaciones, prácticamente no hay quien acierte con lo que busca, y no se le puede tildar de profano, pues es casi la generalidad de los consumidores.

Es de señalar, por último, que esta normativa europea no guarda equivalencia con las empleadas en otros países, como por ejemplo, Estados Unidos, uno de los principales consumidores de aceite de oliva del mundo, y que basa sus valoraciones en la acidez y la ausencia de defectos en cuanto a sabor y olor, según las normativas del Departamento de Agricultura de los Estados Unidos, (**USDA**) de 1948 que define los siguientes tipos o grados según:

-**U.S. Grade A o U.S. Nancy:** Aceite de oliva con no más de 1,4° de acidez, libre de defectos organolépticos.

-**U.S. Grade B o U.S. Choice: Aceite de oliva** con un máximo de 2,5° de acidez y con una cantidad de defectos moderados.

-**U.S. Grade C o U.S. Standard: Aceite de oliva con** no más de 3° y algunos defectos organolépticos.

-**U.S. Grade D o U.S. Substandard:** Aceite de oliva con índice de acidez superior a 3°, acompañado de defectos susceptibles de apreciar, pero dentro de los marcos de calidad exigidos por la **USDA.**

Composición y propiedades del aceite de oliva.

Las propiedades y el uso del aceite de oliva, como las de cualquier aceite vegetal, vienen determinadas, en primer lugar, por la composición o perfil ácido graso del mismo, aunque resulta adecuado resaltar que una parte significativa de las bondades del aceite de oliva se derivan de los componentes secundarios que lo acompañan, y que representan menos del 2 % de este, pero que son responsables de algunas de las propiedades más importantes de este aceite.

Con respecto a lo anterior, es de notar que en las aceitunas se encuentran presentes, además de los triacilglicéridos, muchas otras sustancias en composición minoritaria tales como: vitaminas, tocoferoles, esteroles y polifenoles, entre otras, que una vez extraído el aceite en las *almazaras* pasan a este y se mantienen en él garantizando su estabilidad y durabilidad, siempre que se trate de aceite de oliva virgen, por cuanto al someterse al proceso de refinación ocurre, como en los demás aceites vegetales, que pierde los componentes de referencia, o su concentración disminuye de forma apreciable, y con ello muchas de las propiedades beneficiosas de estos.

Por esta razón es que se hace hincapié en envasar y comercializar el *aceite de oliva virgen* como componente y elemento principal de la industria de los aceites de oliva.

En lo que concierne al perfil lipídico medio del aceite de oliva, este se muestra en la siguiente tabla:

Perfil de ácidos grasos del aceite de oliva virgen (g/100 g)*

AGS	AGM	AGP
C14:0 Mirístico —	C16:1 Palmitoleico 0,9	C18:2 Linoleico 10,5
C16:0 Palmítico 11,5	C18:1 Oleico 68,8	C18:3 Linolénico 0,7
C18:0 Esteárico 2,2		C20:4 Araquidónico
TOTAL 13,7	**TOTAL 69,7**	**TOTAL 11,2**

*Moreiras y col. (1992).

La elevada proporción de ácido oleico (68,8 %) es el aspecto más relevante que destaca en el aceite de oliva, a lo que se suma la relativamente baja cantidad de ácidos grasos saturados, que en su conjunto no suman más del 14 %, prevaleciendo el ácido palmítico (**C16:0**) en proporciones mayores del 10 %. Es necesario destacar la presencia, aunque en menor cantidad, de ácido palmitoleico, que también presenta una cadena hidrocarbonada de 16 átomos de carbono, pero con un doble enlace en la posición 7 contada a partir del grupo carboxilo (omega 7).

Resalta, además, la presencia de un 11,25 % de ácidos grasos poliinsaturados donde prevalece el ácido linoleico (dos dobles enlaces en la cadena hidrocarbonada) menos factible a la oxidación que el ácido linolénico (tres dobles enlaces), cuya concentración es significativamente menor. Estos ácidos son de singular importancia para el organismo humano porque este es incapaz de sintetizarlos y deben provenir de la dieta. El ácido linoleico se encuentra en cantidades elevadas en muchos otros aceites vegetales como los de girasol, maíz, maní, etc., pero no así el linolénico (omega 3) que aunque es necesitado por el cuerpo humano en mucha menor cuantía que su similar de menor insaturación, este aporte del aceite de oliva es de agradecer, por cuanto no abunda mucho en otros aceites salvo en el de lino y en mucha menor proporción el de canola y soja.

Ya esta composición lipídica, con ácidos grasos relativamente estables a la autooxidación, posibilita el que el aceite de oliva de resultados más satisfactorios que otros aceites en las frituras, muy por encima de los aceites de girasol, soja y maíz, entre otros.

También en estudios de estabilidad durante almacenamiento prolongado, sin proceder al calentamiento, el aceite de oliva se comporta más estable que los anteriores.

En cuanto a la salud humana, los estudios demuestran que la ingesta responsable y controlada de aceite de oliva favorece la circulación sanguínea y tiene un efecto positivo sobre el daño aterosclerótico, y la disminución de las lipoproteínas de baja densidad (**LDL**), responsables del transporte del colesterol hacia las arterias.

Además del perfil lípidico, si acudimos a los componentes que acompañan al aceite de oliva virgen, la fracción no saponificable, poco menor del 2 %, encontramos que por provenir de un fruto cuenta con numerosos componentes beneficiosos para la salud como son, entre otros: escualeno, β-caroteno, clorofila, tocoferoles, esteroles, y polifenoles; estos últimos de marcada acción antioxidante, puesto de manifiesto por la estabilidad del aceite de oliva virgen una vez envasado y su marcada resistencia al deterioro y el enranciamiento.

Visto de esta manera, el aceite de oliva virgen se comporta de forma intermedia, como un aceite vegetal a quien se suman las propiedades de las aceitunas, por lo que las variedades de estas últimas inciden en las características del aceite obtenido, así como la forma de recolección y procesamiento, y por supuesto las condiciones y el tiempo de almacenamiento.

El aceite de oliva virgen se muestra relativamente más ácido que los aceites refinados de semillas, lo que responde a la presencia de ácidos grasos libres propios de las aceitunas, o formados durante los procesos de recolección y fabricación, lo que no tiene que ver con el sabor y otros aspectos organolépticos, aunque sí son un elemento a tener en cuenta en su catalogación como *virgen extra o virgen*.

Los componentes insaponificables del aceite de oliva no se eliminan en el proceso mecánico de obtención del aceite de oliva virgen, sí en gran medida en el del aceite refinado, por lo que se establece una clara línea divisoria entre estos tipos de aceites, como si no compartieran su propia naturaleza. En este sentido, salvo en su composición lipídica, el aceite de oliva refinado se asemeja más a los de semilla, sobre todo al alto oleico y al de canola, enriquecidos por selección genética en ácido oleico.

A diferencia de otros aceites vegetales, los compuestos que acompañan al aceite de oliva virgen responsables de sus propiedades organolépticas, desempeñan un papel crucial a la hora de determinar su calidad y clasificación. De manera que en España y otros países mediterráneos, un factor relativamente subjetivo como la cata por un grupo de expertos, es quien determina, en última instancia, si un aceite va al mercado, y la categoría que le corresponde de acuerdo a las normas reglamentadas.

Posteriormente, en el texto, se acudirá de nuevo a mencionar y realizar el estudio de estos componentes secundarios que conforman la fracción menor o no saponificable del aceite de oliva, y que son de notable importancia.

Los expertos catadores, además del color y los indicadores fisicoquímicos determinados en los aceites por técnicas de laboratorio, se detienen a valorar una serie de aspectos organolépticos como los siguientes:

Positivos: Frutado (verde o maduro), amargo y picante.

Negativos: Borras, moho-humedad, hongos y levaduras, avinado-avinagrado/ácido-agrio, metálico, rancio, entre muchos otros solo susceptibles de ser valorados por los que practican esta profesión.

Los aceites de oliva refinados no se someten a procedimientos de cata, siendo controlada su calidad mediante indicadores fisicoquímicos en los laboratorios, dentro de los que muestran un significado importante la concentración de oxígeno libre, grado de acidez, entre otros. La intensidad del gusto de este aceite dependerá del grado o concentración de aceite de oliva virgen que se le ha añadido para mejorar su calidad, que generalmente se encuentra entre el 10 y el 20 % que se designarán genéricamente como *suave o intenso*, respectivamente.

El tono y la coloración de los aceites de oliva virgen dependen en gran medida del tipo de aceituna que se emplea en su fabricación, pudiendo variar notablemente los matices de una variedad de fruto a otra, así por ejemplo:

La picual, la más extendida en España, produce aceites de tonos verdes y sabores afrutados ligeramente amargos.

La hojiblanca: Aceites de tonos dorados y de sabor suave.

La arbequina: Aceites aromáticos, poco amargos y picantes, de color verde, sobre todo a inicios de cosecha.

La empeltre, por su parte, produce aceites amarillos y dulces, con aromas muy afrutados.

Y así sucesivamente con otros tipos de aceitunas, en un juego, o regla sin fin, en el que como norma, cada variedad de aceituna produce un tipo determinado de aceite.

Usos del aceite de oliva.

El aceite de oliva, por sus características, tiene múltiples usos, sobre todo alimentarios, dentro de los que destacan:

Es un producto básico en la dieta mediterránea y por supuesto, empleado intensamente con fines nutricionales por las poblaciones que habitan esta cuenca desde la antigüedad.

Tiene amplio empleo y aceptación en la preparación de aliños para ensaladas, a las que brinda el aroma y el sabor característico de este aceite, también mezclado con limón (mediterráneo): vinagreta.

Para la conservación de alimentos, sobre todo pescados enlatados como las sardinas, el atún, los mejillones, entre otros. También se emplea para la conservación de vegetales, carnes, queso, etc.

Para preparar aceites aromatizados con romero, albahaca, ajo, limón, etc, incluso ahumado. En el caso del ajo y el romero se unen las propiedades beneficiosas del aceite con las propias como antioxidantes, antiinflamatorios, antimicrobianos, etc. de estas plantas.

El que el aceite de oliva presente un agradable sabor y un aroma característico, posibilita que se ingiera directamente con pan, ajo, tomates, etc., lo que constituyó (y todavía se emplea) un eficiente desayuno tradicional de sustento en regiones del sur de España como Andalucía y en otras zonas de la Cuenca del Mediterráneo.

Calentado en frituras es de los aceites que más mantiene sus propiedades naturales y con una pérdida por evaporación menor que los demás, sobre todo de semillas, debido a su perfil lipídico rico en ácido oleico y sus antioxidantes naturales, aunque con el incremento, o la repetición de calentamientos, estos se ven alterados en su composición química, disminuyendo progresivamente sus propiedades antioxidantes. Tiene además un alto punto de humo.

El uso industrial del aceite de oliva con fines no alimentarios, es relativamente limitado atendiendo a su elevado precio, sin embargo también se emplea en la industria de cosméticos en cremas y aceites, y para producir determinado tipo de jabones.

Dentro de sus aspectos beneficiosos se puede señalar que:

El aceite de oliva no contiene colesterol dentro de los esteroles que lo acompañan como productos secundarios.
El aceite de oliva es rico en vitaminas **A, E y K**.
Facilita la digestión.
Los polifenoles presentes en cantidad apreciable en el aceite de oliva previenen enfermedades degenerativas y el envejecimiento celular.
Reduce el riesgo de enfermedades cardiovasculares incidiendo positivamente en los principales factores de riesgo: eleva los niveles de lipoproteínas de alta densidad (**HDL**), disminuye los niveles de lipoproteínas de baja densidad (**LDL**) y también del colesterol total (**COLt**).
Constituye un componente básico de la dieta mediterránea.

En cuanto a las formas de conservación, sobre todo para los aceites vírgenes, se deben seguir determinados procedimientos como son: protegerlos de la luz, mantenerlo a temperatura normal y constante sin grandes variaciones, y no exponer el líquido al aire para evitar la autooxidación y el enranciamientos. En resumen, mantenerlo tapado herméticamente, a oscuras, envasado en recipientes opacos y a temperatura normal.

Otros ácidos grasos presentes en el aceite de oliva.

Además de los ácidos grasos mayoritarios que están contenidos en el aceite de oliva como palmítico, oleico, palmitoleico, esteárico y linoleico, se pueden presentar en mucha menor cuantía otros ácidos grasos tales como: mirístico, margárico, heptadecenoico, linolénico, araquídico, eicosenoico, behénico y lignosérico, sobre los que se tratará a brevemente a continuación.

Ácido mirístico: (C14:0). Tetradecanoico.

$CH_8(CH_2)_{12}COOH$.

Es un ácido graso saturado, sólido a temperatura ambiente, de cadena hidrocarbonada entre media y larga, constituida por 14 átomos de carbono, incluyendo el propio del grupo funcional carboxilo. Es muy poco soluble en agua, pero sí en solventes de menor polaridad..

Masa molecular: 228,4 g/mol
Densidad: 0,8622 g/cm³
Temp. de fusión: 54,4 °C
Solubilidad 1,07 mg/L

Su nombre proviene de la nuez moscada (*Myristica fragrans*); cuya grasa sólida contiene cantidades elevadas de este ácido graso (75 %) en forma de triacilglicérido o trimiristina, como se le llama comúnmente.

Su concentración cercana al 20 % en el aceite de coco es considerada como factor de riesgo en las enfermedades cardiovasculares, por su correlación positiva con las lipoproteínas de baja densidad transportadoras de colesterol. En el aceite de oliva su concentración no sobrepasa el 0,05 %, por lo que su acción es insignificante.

Ácido palmitoleico. (C16:9). Delta-9-cis-hexadecénico.

CH₃(CH₂)₅CH=CH(CH₂)₇COOH.

Aunque fue mencionado someramente al inicio del capítulo, se valorarán algunas de sus características.

Estado líquido a temperatura ambiente.

M: 254,41 g/mol
Tf.: -0,1 °C
Densidad: 0,894 g/cm³

Es un ácido graso monoinsaturado con una cadena hidrocarbonada menor que la del ácido oleico: 16 átomos de carbono. Es un componente de las grasas del tejido adiposo de humanos. Pertenece a la serie omega 7 (ω-7). Su papel sobre las enfermedades cardiovasculares no está totalmente claro, y en otro sentido, se hace referencia a la oxidación celular de la piel. Está presente en concentración minoritaria en algunos aceites vegetales como los del propio de oliva en una media del 0,9 %, aunque puede hallarse en una proporción mayor o menor que esta en dependencia de la naturaleza de las aceitunas, la región de cultivo, así como las técnicas empleadas en este. El ácido palmitoleico se encuentra en mayor proporción en el aceite de aguacate (7%) un producto hasta ahora poco comercializado, también en mucha menor cuantía en los aceites de maíz, soja y girasol (sobre el 0,1-0,2 %). Se encuentra presente, además en el aceite de ballena (9 %), mantecas de cerdo y vacuno: (2,5-3,5 %), así como en un 2 % en la mantequilla.

Ácido margárico (C17:0). Heptadecanoico.

CH₃(CH₂)₁₅COOH.

Estado líquido a temperatura ambiente.

M: 130,8 g/mol
Tf.: -7,5 °C
Teb.: 223 °C

Es un ácido graso poco común en los vegetales dada su composición impar de átomos de carbono. Se puede encontrar en cantidades muy limitadas en el aceite de oliva, generalmente en concentraciones menores del 0,3 %. Se halla en la grasa de la leche de ganado vacuno y de otros animales similares, y sus derivados como la mantequilla y la margarina. Su principal empleo es en la industria del curtido de pieles y como pulimento.

Ácido heptadecenoico (C17:1)

Es un ácido graso muy poco común, cuando aparece en el aceite de oliva nunca sobrepasa una concentración del 0,3 %.

Ácido linolénico. (C18:3n3)

Cis,cis,cis-9,12,15-octadecatrienoico

COOH(CH2)8-CH=CH-CH2-CH=CH-CH2-CH=CH-CH2-CH8

Estado Líquido a temperatura ambiente.

M: 278,43 g/mol
Tf.: -11,0 °C
Densidad: 0,914 g/cm³.

Al igual que el ácido linoleico, es un ácido graso esencial que no puede ser sintetizado por el organismo humano, por lo que este lo adquiere a través de la alimentación. Pertenece a las series **omega 3 (α)** y 6 (γ), está presente en algunos aceites vegetales de semillas como el de chía y el de lino (mayor del 50%), y en menor medida, pero aún con cierta significación en el de canola (10%) y soja (7%) a los que le confiere cierta inestabilidad ante las reacciones de oxidación, lo que implica que en los aceites comestibles donde está presente se añadan antioxidantes de cierta potencia para evitar el enranciamiento y la oxidación. En el aceite de oliva puede encontrase en concentraciones menores que el 0,9 %.

Ácido araquídico (C20:0). Eicosanoico.

CH₃(CH₂)₁₈COOH.

Estado Sólido atemperatura ambiente.
M: 312,53 g/mol
Tf.: 75,5 °C
T.eb.: 328 °C
Densidad: 0,824 g/cm³.

Se encuentra en mayor proporción en el aceite de maní (1,0-1,7 %). En el aceite de oliva puede aparecer en concentraciones menores que el 0,6 %. Es un ácido graso saturado.

Ácido eicosenoico (C20:1n9). 11-ácido eicosenoico.

COOH(CH₂)₇-CH=CH-(CH₂)₉-CH3

Es un ácido graso del tipo **omega 9**, aunque no pertenece a los ácidos grasos esenciales y el organismo puede prescindir de él. Se encuentra generalmente en el aceite de pescado. En el aceite de oliva puede aparecer en concentraciones menores que el 0,4 %.

Ácido behénico. (C22:0). Docosanoico.

CH₃(CH₂)₂₀COOH

Sólido blanco a temperatura ambiente.

M: 340,58 g/mol
Tf.: 80,0 °C
T.eb.: 306,0 °C
Densidad: 0,893 g/cm³.

Ácido graso saturado de cadena larga que puede estar asociado con el daño aterosclerótico, se encuentra en muy pequeña proporción en el aceite de colza y en el de maní. En el aceite de oliva puede aparecer en concentraciones menores que el 0,2 %. Se emplea fundamentalmente en cosmética por su acción suavizante, así como en la industria de los tensioactivos.

Ácido lignocérico. (C24:0). Tetracosanoico.

CH₃(CH₂)₂₂COOH

$CH_3(CH_2)_{22}COOH$

M:368,63 g/mol.

Se encuentra en el alquitrán de madera, así como en el aceite de maní en proporciones de 1,0-2 %. En el aceite de oliva puede aparecer en concentraciones menores que el 0,2 %.

Principales productores y exportadores de aceite de oliva.

El aceite de oliva se produce en un volumen menor que otros aceites como los de palma africana, soja, colza, girasol y germen de maíz. La producción mundial se centra en España, Italia y Grecia, y muy por encima de todos el primero, que procesa cerca de la mitad del que se obtiene a nivel mundial. Aunque pareciese que Italia, dada su tradicional propaganda comercial fuese el primero, pero esto no es así, por cuanto el país ibérico exporta a este una cantidad considerable de aceite de oliva virgen a granel (en camiones cisterna), que después, puede que el país itálico envase como propio bajo sus marcas tradicionales o que se enmarque en su propio volumen de exportación.

En la campaña 2011-2012, la producción mundial de aceite de oliva fue de 3,321 MT de las cuales España produjo 1,615 MT lo que representa el 48,6 %, es decir, aproximadamente la mitad. Situación que se mantiene con un ligero descenso porcentual. Lo que indica la importancia del sector del olivo para el país ibérico.

El consumo mundial de aceite de oliva en años recientes se muestra a continuación:

Consumo mundial del aceite de Oliva - progresión (ODEPA y COI)

CAMPAÑA	CONSUMO MT
2002/3	2,7
2003/4	2,9
2004/5	2,9
2005/6	2,7
2006/7	2,8
2007/8	2,8
2008/9	2,8
2009/10	2,9
2010/11	3,1
2011/12	3,1
2012/13	3,0
2013/14	3,0

Como se puede apreciar, el consumo de aceite de oliva en estos años ha mantenido una tendencia ligeramente creciente y se ha elevado alrededor de un 10 % en los doce últimos años, lo que da una idea de la alta estima con que cuenta actualmente, aunque la demanda de este producto está limitada en gran medida por las capacidades de producción existentes, por cuanto no se puede incrementar bruscamente la producción de aceite dadas las características culturales del cultivo de los olivos.

Los principales consumidores de aceite de oliva en el mundo son la **UE** (84 %) y **EU** (10,7 %). España e Italia son los principales consumidores dentro de la **UE**.

En otras regiones del mundo la producción de aceite de oliva tiende a incrementarse, y en Chile, por ejemplo, la superficie cultivable aumentó un 100 % en los últimos 10 años y pasó de producir 2 000 TM en 2002 a 15 000 MT en 2014. Argentina, por su parte, produce más de 20 000 TM al año.

Se estima que en España existan alrededor de 2 000 marcas de aceite de oliva.

La producción mundial de aceite de oliva en la campaña 2016-2017 fue de 2,539 MT, mucho menor que la de la campaña 2015-2016 (3,176 MT), con una disminución de 0,637 MT. En esta caída inciden los datos de la Unión Europea, principal zona de producción, que disminuyó de 2,324 a 1,747 MT. Para la campaña 2017-2018 se espera cierta mejoría en el sentido que se logre una producción mundial de 2,894 MT, mientras que en la **UE** ocurra lo mismo y esta alcance los 2,717 MT (**Datos del COI de noviembre de 2017**).

Actualmente la **UE** produce más de las dos terceras partes del aceite de oliva del mundo. El año de mayor producción de este aceite desde 1991 fue en la campaña 2011-2012 (3,331 MT), que coincidió con la mayor producción de la **UE** (3,064 MT), lo que da muestra de la incidencia del viejo continente en la producción de aceite de oliva a escala global.

A continuación se muestra una tabla con las variaciones de la producción mundial de aceite de oliva en los últimos años para los principales países productores.

PAIS*	2011/2012	2012/2013	2013/2014	2014/2015	2015/2016
ESPAÑA	1.615,00	618,20	1.781,15	842,20	1.401,60
ITALIA	399,20	415,50	463,70	222,00	474,60
GRECIA	294,60	357,90	132,00	300,00	320,00
TURQUÍA	191,00	195,00	135,00	160,00	143,00
SIRIA	198,00	175,00	180,00	105,00	110,00
MARR.	120,00	100,00	130,00	120,00	130,00
TÚNEZ	182,00	220,00	70,00	340,00	140,00
PORT.	76,20	59,20	91,60	61,00	109,10
CHILE	21,50	15,00	15,00	18,50	16,50
JORD.	19,50	21,50	19,00	23,00	29,50
AUSTR.	15,50	9,50	13,50	19,50	20,00
ISRAEL	13,00	18,00	15,00	18,50	15,00
EEUU	4,00	4,00	12,00	5,00	5,00
CHINA	-	-	-	2,50	5,00

* Producción en Miles de toneladas. Fuente: http://www.internationaloliveoil.org/

Se puede notar, de acuerdo con estos datos, que la campaña de 2014/2015 fue muy mala para los principales productores, sobre todo para España e Italia, aunque hubo un período de fuerte recuperación en el siguiente año, con una baja de nuevo según se proyecta para la campaña 2016/2017, lo que responde a dificultades climáticas en la zona del mediterráneo, que han afectado los rendimientos de las cosechas, así como a la variabilidad de rendimiento de los olivos por sus propias características naturales.

ACEITES ALTO
OLEICOS

CAPÍTULO V

Aceites alto oleicos

Hasta mediados del siglo XX, el aceite de oliva ocupaba un discreto lugar en el universo de los aceites vegetales y de las grasas en general, con fuertes competentes que monopolizaban esta industria, sobre todo los aceites de algodón y soja, las margarinas y grasas hidrogenadas, etc. atendiendo a los fines para los que estas se empleaban.

Ocupaban un lugar destacado el lardo (manteca de cerdo), la margarina y las grasas hidrogenadas entre otros, pero esto estaba al dar un vuelco que sobrevino cuando se comenzaron a realizar estudios para determinar la incidencia de las grasas en el metabolismo del organismo humano y esencialmente sobre los factores de riezgo de las enfermedades cardiovasculares (**ECV**). Algunos de estos se realizaron a gran escala y durante un tiempo prolongado. En ellos se pudo comprobar que las grasas con alta concentración de ácidos grasos saturados como el palmítico estaban relacionadas con la elevación de indicadores que caracterizaban a los daños ateroscleróticos como el colesterol y las lipoproteínas de baja densidad, (**LDL**).

A la par, en años posteriores, se comprobó también la incidencia de los ácidos grasos *trans* sobre las **ECV**. Estos ácidos se forman cuando los aceites son sometidos a elevadas temperaturas en los procesos de refinación y sobre todo en la hidrogenación catalítica para producir grasas saturadas, lo que dio un vuelco al sector industrial de las grasas que comenzó a dar preponderancia al empleo de las grasas insaturadas, como el aceite de oliva, con lo que este pasó de ocupar un lugar modesto a convertirse en el preferido para la elaboración de alimentos en las cocinas.

A continuación se expone el perfil lipídico de un grupo de

grasas en comparación con el del aceite de oliva.

Perfil lipídico comparativo grasas sólidas y aceite de oliva (%)

A. Graso	Lardo	Sebo	Margarina	Mantequilla	A. de Oliva
C.14:0	1,5	3,0	1,1	8,9	-
C:16:0	25,4	26,5	18,8	20,6	11,5
C:18:0	14,8	19,5	4,1	8,9	2,2
T. Sat.	41,7	49,0	23,0	38,4	13,7
C16:1	2,4	3,5	1,1	2,1	0,9
C18:1	38,5	40,0	29,2	22,1	68,8
T. MI.	40,9	43,5	30,3	24,2	69,7
C18:2	8,2	4,5	16,7	1,1	10,5
C18:3	0,7	-	1,6	1,2	0,7
T.PI.	8,9	4,5	18,3	3,3	11,2

Fuentes:

Lardo: Belitz y Grosch (1997).
Sebo vacuno: Moreiras y cols. (1992)
Margarina: Moreiras y cols. (1992)
Mantequilla: Moreiras y cols. (1992)
Aceite de oliva: Moreiras y cols. (1992)

Como se puede apreciar en la tabla anterior, la concentración media de grasas saturadas asociadas con el daño aterosclerótico en el aceite de olivo es alrededor de dos veces menor que en la margarina, cerca de tres veces que en la mantequilla y el lardo, respectivamente y alrededor de cuatro veces menor que en el sebo vacuno. Estas diferencias altamente significativas son concluyentes para el empleo preferente del aceite de oliva sobre las grasas sólidas de referencia en la elaboración de alimentos.

Además de lo anterior, si se hace referencia a los ácidos grasos monoinsaturados como el oleico (**C18.1**) y el palmitoleico (**C16:1**) la diferencia entre el aceite de oliva y las demás grasas también es altamente significativa superando en más de 30 unidades porcentuales al de las grasas sólidas. Si se tiene en cuenta que los estudios clínicos arrojan que estos ácidos grasos no elevan los niveles de **COLt** y **LDL,** y más bien incrementan el de unas lipoproteínas que ejercen un efecto beneficioso sobre el organismo como las de alta densidad (**HDL**), es de comprender el porque el aceite de oliva comenzó a jugar un rol extraordinariamente positivo como elemento nutriente y se comenzó a cotizar como el mejor aceite a la hora de elaborar alimentos.

Pero aún este aceite tenía numerosos competidores, ya no en el sector de las grasas sólidas, sino en el de los propios aceites vegetales, pues un sinnúmero de estos poseían cantidades apreciables de grasas insaturadas con acción beneficiosa y protectora sobre las **ECV**, tales como el de girasol, soya, maíz, etc. Sin embargo, la suerte estaba del lado de nuestro protagonista cuando con el andar de los tiempos se comprobó que estos aceites eran poco estables cuando se sometían a procesos de calentamiento, oxidándose con facilidad con la aparición de radicales libres intermedios, y al final compuestos altamente peligrosos para el organismo como los peróxidos, por su incidencia negativa sobre el metabolismo celular.

El perfil lipídico de algunos aceites vegetales de semilla comparados con el del aceite de oliva se muestra a continuación:

Perfil lipídico de algunos aceites vegetales (%)

A. Graso	Girasol	Maíz	Soja	Algodón	Oliva
C.14:0	0,1	0,6	0,2	1,5	-
C:16:0	5,5	13,4	9,5	22,0	11,5
C:18:0	6,0	2,2	3,8	5,0	2,2
T. Sat.	11,6	16,2	13,5	28,5	13,7
C16:1	0,1	0,3	0,2	1,5	0,9
C18:1	31,5	28,6	23,9	16,0	68,8
T. MI.	31,6	28,9	24,1	17,5	69,7
C18:2	49,7	47,7	49,7	50,0	10,5
C18:3	7,3	1,5	7,1	-	0,7
T.PI.	57,0	49,2	56,8	50,0	11,2

Fuentes:

Girasol: Morciras y cols. (1992)
Maíz: Moreiras y cols. (1992)
Soja: Moreiras y cols. (1992)
Algodón: : Belitz y Grosch (1997).
Aceite de oliva: Moreiras y cols. (1992)

Un análisis de esta tabla da a demostrar que los aceites de girasol, maíz y soja contienen niveles de ácidos grasos saturados muy bajos, semejantes al del aceite de oliva, con excepción del algodón que cerca de un tercio del mismo está constituido por estos ácidos. Por otra parte, ninguno de ellos se acerca a los niveles de ácido oleico del aceite de oliva, generalmente menores de la mitad. Sin embargo, en lo que respecta a los ácidos grasos poliinsaturados, principalmente el linoleico (**C18:0**) alcanzan niveles muy superiores, alrededor de la mitad de su contenido y cerca de 5 veces mayor que el del aceite de oliva.

Se ha podido comprobar que los ácidos grasos poliinsaturados como el linoleico, muestran un efecto beneficioso sobre los factores de riesgo de las enfermedades cardiovasculares, e incluso pueden actuar con mayor rapidez que el ácido oleico, sin embargo, la estabilidad de estos aceites es mucho menor que la del aceite del oliva, sobre todo cuando son sometidos a calentamiento, en que su cinética de oxidación es mucho mayor que la del ácido oleico, y como el principal uso de los aceites vegetales es para cocinar, y esto está asociado con la elevación de temperatura, generalmente por encima de los 100 °C y con frecuencia mucho mayor de 180 °C en las frituras, es de inferirse que sus beneficios se ven atenuados por la formación de radicales libres, peróxidos, compuestos de baja masa molecular y alta polaridad como aldehídos, cetonas y otros múltiples productos que se forman al calentarse por la labilidad reactiva de los dos o más dobles enlaces en comparación con uno solo en la molécula del ácido oleico.

Otro aspecto negativo de los aceites de referencia, en comparación con el aceite de oliva, se relaciona con su propia naturaleza, pues son productos sometidos a procesos tecnológicos de refinación, no vírgenes tal como son extraídos de las plantas, por lo que su composición, aroma, sabor y presentación no son comparables al del aceite de oliva virgen. Además, al ser sometidos a procesos de refinación, que conlleva elevación de temperaturas, y diferentes tratamientos con productos químicos, alteran su composición inicial y pierden sus principales componentes bioactivos. Por otra parte, al ser tratados con disolventes orgánicos para elevar su rendimiento, pueden quedar algunos remanentes de estos contenidos en el producto final.

En la época que nos referimos (mediados del siglo XX), el aceite de oliva tuvo también otro contrincante que se vio obligado a salir de la lid en virtud a su elevado contenido de ácido erúcico (**C22:1:9**) que lo hacía no apto para el consumo, ya que este ácido graso de cadena hidrocarbonada mayor, se considera una toxina natural. Nos referimos al aceite de colza, que al margen de lo anterior protagonizó un hecho dramático al expenderse en España lotes de aceite adulterado con productos derivados de la anilina, lo que ocasionó cientos de perdidas en vidas humanas y miles de personas intoxicadas aún con secuelas de aquel lamentable suceso.

Pero ubicándonos en su composición lipídica, la colza original contenía elevadas concentraciones de ácido erúcico, del orden del 45-54 % de su contenido, por lo que fue prohibida su producción a mediados de la década de 1960.

La colza (*Brassica napus*), era prácticamente desconocida en Occidente, aunque la planta se conocía desde la antigüedad en el continente asiático. Su cultivo en Europa es relativamente reciente, desde después de la década de los años treinta del siglo pasado, motivado por las necesidades de aceites comestibles procedentes de plantas de clima frío o templado, durante los conflictos bélicos que azotaron el viejo continente, por lo que su introducción en el campo de los aceites vegetales fue, y ha sido, con un paso arrollador, pese a los incidentes relacionados con su composición en ácidos grasos.

Los niveles de concentración de ácido oleico en la colza orinal se encontraban entre el 10-20 %, y también contenía entre un 5-9 % de ácidos grasos poliinsaturados, y alrededor del 6 % de ácidos grasos saturados, pero a tenor de su alto contenido de ácido erúcico, cercano al 50 %, que fue considerado por las autoridades internacionales como una toxina natural, el uso del aceite de colza con fines alimenticios de las variedades originales, fue prohibido en 1965 por la **FDA** (Food and Drug Administration), atendiendo a su carácter tóxico, dada las elevadas cantidades de ácido erúcico (**C:22:1:9**) que contenía.

Parecía entonces que el aceite de oliva perdía un competidor, que si no era relevante a nivel mundial, sí lo era en Europa por la capacidad de la colza de cosecharse en climas fríos y templados, como los del centro de Europa, el norte de Estados Unidos, y Canadá, sobre todo en el primero, por su cercanía a los cultivos de olivos. Pero atendiendo precisamente a la factibilidad de su cultivo en países de clima templado o fríos, se realizaron posteriores a 1965 importantes investigaciones para obtener variedades de colza con cantidades tolerables de ácido erúcico, siendo Canadá quien al final alcanzó en 1974 los objetivos propuestos, de manera que lograron una variedad de colza que reunía los requisitos esperados: resistencia al clima, alto contenido en aceites con ácidos grasos insaturados, fundamentalmente oleico, y sobre todo: bajos niveles de ácido erúcico. Esta variedad inicialmente la llamaron L.E.A.R (Low Erucic Acid Rapeseed), nombre que luego se cambió por *canola,* que responde a *Canadian oil low acid.*

La canola como especie genéticamente modificada de la colza vino acompañada por cambios drásticos en su composición lipídica, y si la colza original poseía concentraciones muy modestas de ácido oleico, menores que el 20 %, la nueva variedad elevó los mismos a valores iguales o superiores al 50 % de este ácido, mientras los niveles de ácido erúcico disminuyeron significativamente hasta cifras entre el 2-5 %, esto es, la nueva variedad había elevado los niveles de ácido oleico a partir de disminuir los de ácido erúcico, con lo que lo malo se convertía en bueno.

Estos cambios incidieron en que las áreas de cultivo de canola se incrementaran notablemente en las regiones frías y templadas del planeta hasta posibilitar que hoy día su aceite ocupe el tercer puesto de los que se produce y expende a nivel mundial, aunque pese a eso, el aceite de oliva sacaba ventaja de la colza en dos aspectos básicos: el primero el relacionado con que esta última aún mantenía cierta concentración de ácido erúcico, y el segundo a que en el proceso para obtener aceite de colza es necesario realizar calentamientos relativamente intensos, con la posible formación de ácidos grasos *trans,* con lo cual siempre se mantenía como sospechoso en la, por decirlo de alguna manera, "escena del crimen". También una parte de los sembrados de colza en el mundo, alrededor del 10 %, mantienen los cultivos de colza de la variedad original, sin sufrir transformaciones genéticas, aunque localizados en lugares bien definidos como India de donde es originaria y algunos países asiáticos cercanos.

Actualmente el aceite de colza se consume con cierta amplitud en el mundo y su producción es varias veces mayor que la del aceite de oliva, ligeramente superior a la de girasol y por debajo de la soja y la palma africana, que ocupa el primer lugar a nivel mundial.

De todas maneras, estos y otros percances de la colza o *canola*, que es el nombre de la variedad obtenida por cruces genéticos, hicieron que si bien se podría convertir en cierto competidor en los mercados europeos y del norte del continente americano, no así en España, donde aunque se cultiva esta planta, el aceite es exportado hacia otros países como Francia, y se dificulta su presencia en los mercados por el síndrome asociado a su nombre con los marcados hechos de adulteración que la acompañó en la década de los 80 del siglo pasado.

Desde el punto de vista productivo, además del carácter básico del aceite de oliva virgen como "nave insignia" entre los aceites vegetales, este podía seguir vanagloriándose con ostentar niveles dc ácidos grasos monoinsaturados mayores que el de los demás aceites, sobre el 70 % y más, además de venir acompañado de vitaminas, antioxidantes y todo un grupo de sustancias beneficiosas para la salud, aunque el aceite refinado de este no los poseía, salvo que se mezclara, como generalmente se acostumbra, con aceites vírgenes, todo lo cual hacía dar un respiro a esta industria milenaria.

Pero la competencia en el sector de las oleaginosas es muy fuerte, casi una guerra, y el aceite de oliva refinado, también un producto con precios superiores a los de sus congéneres de girasol, maíz y soja, le surgió un competidor de donde menos se lo esperaba, y no de la naturaleza básica de estos aceites, sino de mejoramientos genéticos sistemáticos para disminuir las concentraciones de ácidos grasos poliinsaturados en sus semillas incrementando, a expensas de estos, los niveles de ácidos grasos monoinsaturados en lo que dio en llamarse *aceites alto oleicos*, en los que el girasol y el maíz se destacaron más que otros, de manera que ya se producen y comercializan aceites de este tipo con concentraciones de ácido oleico semejantes al del aceite de oliva. Tal como se muestra a continuación para el aceite de girasol alto oleico (**AGAO**).

Ácidos grasos (%)

Aceite	Palmítico	Esteárico	Oleico	Linoleico
Oliva	11,5	2,2	68,8	11,5
Girasol Estándar	7,4	5,8	37,3	48,3
Girasol Alto Oleico	3,1	5,2	82,2	7,3

No todos los aceites alto oleicos (**AAO**) tienen la misma concentración de ácido oleico, por lo que puede encontrarse un amplio espectro de aceites de este tipo, muchas veces denominados comercialmente como *aceites para freír*. El nombre "alto oleicos" está relacionado con el incremento de la concentración de este ácido en ellos, lo que conlleva el que presenten mejores indicadores para freír como: la temperatura de ebullición, el punto de humo, su estabilidad térmica, y resistencia a la hidrólisis y la oxidación, entre otros.

Los costos de producción de los **AGAO** son mucho menores que los del aceite de oliva, conteniendo los componentes en ácidos grasos monoinsaturados beneficiosos para la salud que este proporciona, sin embargo, se observa con cuidado las propiedades y el efecto de los mismos para la salud, dado que hay cierta controversia sobre el carácter transgénico, de hibridación o no, de las semillas de girasol modificadas genéticamente, sobre todo en los países que regulan el empleo de alimentos transgénicos como es el caso de los que integran la Unión Europea

Los aceites de girasol alto oleico muestran propiedades semejantes a los de oliva en las frituras, y son mucho más resistentes al calor y más estables a los procesos de autooxidación, que los aceites Standard de esta planta, por lo que en ocasiones se expende con rótulos que recomiendan su empleo para freír, aunque todo lo que sea someter los aceites vegetales con proporciones elevadas de ácidos grasos insaturados a procesos de calentamiento por encima de determinados márgenes de temperatura, o durante un espacio de tiempo prolongado, resulta poco recomendado para la salud, dada la variedad de productos que se forman durante este proceso, algunos de ellos no recomendados para ser ingeridos por los daños celulares que pueden ocasionar, dada su labilidad oxidativa.

Es necesario destacar, que cuando se habla de perfil lipídico de los aceites, se refiere a valores medios pues su composición depende de numerosos factores, incluyendo el climático, así, por ejemplo, en los cultivos de girasol de determinadas regiones de Argentina se obtienen aceites de girasol standard con mayores concentraciones, en 3 ó 4 unidades porcentuales, que sus similares de Ukrania y Rusia, por ejemplo.

En esta competencia, los aceites de oliva mediterráneos sintieron algún respiro por un inesperado hecho de adulteración que ocurrió en abril de 2008, en que varios países europeos, incluyendo España, detectaron lotes de aceites de girasol provenientes de Ucrania conteniendo aceites minerales como materia adulterante, lo que conllevó a que los gobiernos de estos países exigieran la retirada del material adulterado y el cese momentáneo de la entrada de aceites de este país.

A continuación, la Unión Europea se vio obligada a pronunciarse con firmeza en ese delicado asunto, y pidió a Ucrania información al respecto y la toma de medidas inmediatas en relación con este caso de adulteración, por lo que este país se vio obligado a solucionar el problema y garantizar la pureza de los aceites exportados, ya que constituyen un importante rubro comercial y de adquisición de divisas para este país.

De todas formas, importantes lotes de aceite de girasol procedente de Ucrania fueron retirados del mercado, aunque las autoridades españolas consideraran que el nivel de contaminación no afectaba la salud de los consumidores, según se pronunció el entonces Ministerio de Industrias al respecto.

Aceite de palma alto oleico.

A finales del pasado siglo XX algunas plantaciones de palma africana (*Elaeis guineensis*) de varios países tropicales suramericanos como Colombia, Ecuador y regiones aledañas de Brasil, vieron sus cultivos infectados por la enfermedad conocida como *pudrición del cogollo* lo que motivó que se realizaran cruces de esta con la palma americana (*Elaeis oleifera*), más resistente a esta patología, lo que permitió lograr un híbrido, "**O x G**" *(oleifera x guineensis)*, que no solo fue resistente a la enfermedad en cuestión, sino que en su aceite se elevó considerablemente la concentración de ácido oleico, y en general la de los ácidos grasos monoinsaturados, a la vez que se disminuían los niveles de ácidos grasos saturados y de palmítico, específicamente.

Con este híbrido se obtuvieron grasas con niveles de ácido oleico iguales y superiores al 50 %, mientras los de ácido palmítico disminuyeron significativamente y se situaron sobre el 30 %. En resumen, se logró con este híbrido, sin una afectación real del cultivo, lo siguiente:

-Mayor contenido de ácido oleico y de grasas monoinsaturadas.
-Menor contenido de ácido palmítico y de grasas saturadas.
-Resistencia de la planta a diversas enfermedades como la *pudrición del cogollo*.
-Menor ritmo de crecimiento, lo que implica un alargamiento de su vida útil de cultivo.

El aceite alto oleico obtenido del mesocarpio del fruto del híbrido **O x G,** alcanza niveles medios de ácido oleico del 54 % en comparación con el 40 % del aceite de palma africana, así como un descenso del contenido de ácido palmítico de un 15,5 %, para situarse en un 28,5 %. Los contenidos de los demás ácidos grasos se mantuvieron sin variaciones apreciables.

En estos aceites se reporta también un mayor nivel de carotenoides, en relación con la palma aceitera, mientras mantiene altos niveles de esteroles y antioxidantes fenólicos.

El perfil lipídico del aceite de palma del híbrido obtenido, en comparación con el aceite de palma standard se muestra a continuación:

Ácidos grasos	Composición (%) de Aceite de palma.	
	Standard	Alto oleico
C12:0 Láurico	0,1	0,3
C14:0 Mirístico	1,0	0,5
C16:0 Palmítico	43,5	29,0
C18:0 Esteárico	4,3	3,0
C18:1 Oleico	36,6	54,0
C18:2 Linoleico	9,1	12,00

A pesar de la diferencia sustancial entre ambos aceites, no hay que desdeñar que los volúmenes de producción de aceite de palma a nivel mundial son veinte veces los del aceite de oliva, y resultados como estos no son nada halagüeños para los olivicultores, aunque por ahora nada que temer, pues el perfil de uso de ambos aceites es bastante diferenciado.

Aceite de aguacate.

Siguiendo las doctrinas del viejo maestro chino de la guerra **Sun Tsu** sobre la necesidad de acercarse silenciosamente al enemigo para sorprenderlo y tratar de obtener la victoria, el aceite de aguacate (*Persea americana*) que se tenía como un aceite más, venido a menos, o que recién comenzaba a mencionarse en el sector de los aceites vegetales comestibles, ha dado un salto de gigante y se viene presentando como un futuro rival para el aceite de oliva, dadas sus propias concentraciones lipídicas, sin necesidad de cruces, así como otras propiedades que lo hacen tener cierta semejanza con el aceite de los olivos, y que llegan hasta tal punto, que es un elemento que tienen en cuenta los que se dedican al mal arte de adulterar aceites con fines lucrativos.

El aceite de aguacate se obtiene de la pulpa fresca y seca de este fruto, donde se encuentra en concentraciones variadas, entre un

5-30 %. Se presenta como un líquido amarillo dorado o ámbar, soluble en disolventes orgánicos y de baja viscosidad. Tiene bajo índice de saponificación y contiene, el virgen, cantidades significativas de esteroles y vitaminas A, D y E con el consiguiente efecto antioxidante. Es humectante y mejora la hidratación de la piel.

Las semejanzas del aceite de aguacate y el de oliva son sustanciales, aún más en su composición lipídica, como se muestra a continuación.

Composición porcentual media de ácidos grasos de los aceites de aguacate y oliva virgen.

Ácido	A. Aguacate	A. Oliva
C14:0	0,03	-
C16:0	16,6	11,5
C16:1	7,1	0,9
C18:0	0,5	2,2
C18:1	63,9	68,8
C18:2	10,8	10,5

Como se puede comprobar, sin realizar transformaciones o drásticos cambios genéticos, hay variedades productivas de aguacate que producen aceites con concentraciones que se acercan a las del aceite de oliva, por lo que debe comportarse como un aceite protector o beneficioso para las enfermedades cardiovasculares. Aunque el aceite de aguacate contiene una ligera proporción, menor en 6 unidades porcentuales, de ácido oleico que el aceite de oliva, esto se contrarresta con la significativa cantidad de ácido palmitoleico que contiene, también monoinsaturado, y posiblemente beneficioso para el organismo humano.

En cuanto a las propiedades fisicoquímicas principales, también se establece una correspondencia análoga, entre ambos aceites, tal como se muestra a continuación:

Principales propiedades físicoquímicas de los aceites de aguacate y oliva vírgenes.

Magnitud	Aceite de Aguacate	Aceite de Oliva
Densidad	0,910-0,920	0,910-0,916
Ind. Refra.	1,468-1,475	1,4677-1,4705
Ïndice de I_2*	85-90	75-94
Índice Sap.**	177-19	184-196
Índice perox.***	2-10	20

* cgI_2/g
** mg KOH/g
*** meq de oxígeno activo/kg de aceite

Por si todo esto fuera poco, es de señalar también que la producción de aguacate se ha incrementado notablemente en los últimos diez años pasando a ser de 3,174 MT en 2003 hasta alcanzar los 3,444 MT en 2008 y 4,71 MT en 2013. Los principales productores de este fruto son: México (cerca del 30 % del volumen mundial) y otros países como Estados Unidos, Indonesia, Colombia y Brasil, entre otros.

De acuerdo con los niveles de producción de aguacate actuales, si este se derivara principalmente a la producción de aceite virgen, se podría contar en el mercado con una oferta de cerca de 400 000 TM., con lo que ya alcanzaría niveles por encima del 10 % de los del aceite de oliva, acompañada de una tendencia creciente de más del 3 %, con lo que tarde o temprano podría alcanzarlo, si las expectativas actuales en cuanto a su demanda se mantienen. Sin embargo, para tranquilidad aún de los olivicultores, el fruto del aguacate, a diferencia del de olivo, tiene una amplia demanda como tal para el consumo alimenticio, dada las altas cualidades de este para el consumo directo. También, y no menos importante, es que actualmente la demanda de aceite de aguacate es muy alta en el sector de los cosméticos. No obstante, no debe perderse de vista este competidor que de forma modesta y silenciosa viene abriéndose paso en el sector de los aceites vegetales y que muestra propiedades semejantes al aceite de oliva.

Como conclusión, es necesario destacar que en el mundo de las plantas oleaginosas el aceite de oliva tiene suficientes enemigos por los que preocuparse, más otros que puedan aparecer, pero de antemano es preciso señalar que aún sigue siendo el más destacado por su composición, presencia, gusto, sabor, estabilidad y más que todo, por su carácter beneficioso para la salud, aunque nuevos productos tienden a compartir algunas de estas propiedades como los aceites alto oleicos y el de aguacate, entre otros.

Fracción Secundaria
del Aceite de Oliva

CAPÍTULO VI

Fracción secundaria del aceite de oliva

Aceitunas.

El fruto de los olivos: la aceituna, posee una cantidad elevada de nutrientes vitales para el organismo humano, lo que constituye uno de los aspectos básicos que le da valor al aceite de oliva, además de la elevada proporción de grasas insaturadas, principalmente monoinsaturadas, omega 9, como el ácido oleico que contiene. Muchos de estos componentes permanecen en el aceite de oliva virgen o sin refinar, brindándole además, estabilidad y durabilidad al producto.

De manera general, un estudio sobre la composición media de nutrientes en el fruto del olivo se acerca a lo que se plasma a continuación, aunque se trata de valores medios, que pueden ser mayores o menores dependiendo de la variedad de aceituna y otras condiciones asociadas al cultivo.

Componentes del fruto del olivo *

En 100g de fruto hay como media:

Grasas: 16,3g

  -Saturadas: 2,03g

  -Monoinsaturadas: 11,3 g

  -Poliinsaturadas: 3,03g

Carbohidratos: 4,40 g

  -Azúcares: 0,55 g

  -Fibra: 3,85 g

Proteínas 1,03 g

Vitaminas:

A (Retinol): 20 µg

β- caroteno: 231mg

Tiamina (B1)): 0,021 mg

Riboflavina: (B2): 0,007 mg

Niacina (B3): 0,237 mg

B6: 0,031 mg

Acido fólico: (B9): 5 µg

E (tocoferoles): 3,81mg

K: 1,4 µg

Minerales:

Na: 1,56g

K: 42 mg

Fe: 49 mg

P: 4 mg

Ca: 52 mg

Mg: 11 mg

Agua: 50 %

*Tomando como fuente de datos los de la USDA (Departamento de Agricultura de los Estados Unidos)

De acuerdo con lo anterior, y toda vez que el aceite de oliva virgen se obtiene por extracción directa del fruto del olivo sin ser sometido a proceso posterior alguno, solo a las separaciones físicas correspondientes, es de esperar que la mayoría de estos componentes beneficiosos para la salud se incorporen al aceite de oliva virgen para darle ese toque diferenciante en el aspecto nutricional, que lo hace ser el más completo de los aceites vegetales comestibles como efectivamente ocurre.

Sin embargo, esto no sucede con todos estos componentes, pues al separar el agua en la obtención del aceite, los materias solubles en ella son apartados y no quedan en el aceite, o su cantidad resulta mucho menor, por lo que se tratará a continuación sobre las propiedades y características de las sustancias que al final se mantienen en el producto en cantidades, que si no apreciables, pueden ejercer influencia sobre las propiedades del mismo, su estabilidad, su resistencia a la oxidación y sus cualidades nutricionales.

En este capítulo se valorarán los componentes secundarios que acompañan al aceite de oliva virgen en lo que da en llamarse la fracción no saponificable, poco menor del 2 %, que por provenir directamente de un fruto cuenta con numerosos componentes beneficiosos para la salud como son, entre otros: escualeno, β-caroteno, clorofila, tocoferoles, esteroles, y compuestos polifenólicos; estos últimos de marcada acción antioxidante, puesto de manifiesto por la alta estabilidad del aceite de oliva virgen una vez envasado.

A continuación se relacionan algunos componentes de la fracción secundaria del aceite de oliva.

Componentes	Concentración mg/kg aceite*
Alcoholes terpénicos	3500
Esteroles	2500
Hidrocarburos	2000
Escualeno	1500
Compuestos fenólicos	350
Beta caroteno	300
Alcoholes alifáticos	300
Tocoferoles	150
Ésteres	100
Aldehídos y cetonas	40

* Mataix J. (2001) Aceite de Oliva Virgen: Nuestro patrimonio alimentario. Edit. Universidad Granada.

Visto de esta manera, el aceite de oliva virgen se comporta de forma intermedia, como un aceite vegetal a quien sc suman las propiedades de las aceitunas, por lo que las variedades de estas últimas inciden en las características del aceite obtenido, así como la forma de recolección y procesamiento, y por supuesto las condiciones y el tiempo de almacenamiento.

El aceite de oliva virgen se muestra relativamente más ácido que los aceites refinados de semillas, lo que responde a la presencia de ácidos grasos libres propios de las aceitunas, o formados durante los procesos la recolección y fabricación, lo que no tiene que ver con el sabor y otros aspectos organolépticos, aunque sí son un elemento a tener en cuenta en su catalogación como *virgen extra, virgen o lampante.*

Los componentes insaponificables de las aceitunas no se eliminan en el proceso mecánico de obtención del aceite de oliva virgen, sí en gran medida en el del aceite refinado, por lo que se establece una clara línea divisoria entre estos tipos de aceites, como si no compartieran su propia naturaleza. En este sentido, salvo en su composición lipídica, el aceite de oliva refinado se asemeja más a los de semilla, sobre todo al alto oleico y al de canola, enriquecidos en ácido oleico por transformación y/o selección genética de las semillas.

A diferencia de otros aceites, los compuestos que acompañan al aceite de oliva virgen responsables de sus propiedades organolépticas, desempeñan un papel crucial a la hora de determinar su calidad y clasificación.

El aceite de oliva virgen incluye una amplia variedad de vitaminas, entre las que se encuentran las vitaminas A, E, y K, también esteroides como el sitosterol. Se considera que es uno de los que mayor concentración de tocoferoles (vitamina E) contiene dentro de los aceites comestibles, lo que le brinda un alto poder antioxidante, manteniendo su estabilidad y composición en períodos relativamente largos de tiempo, de manera que se puede consumir sin que muestre alteraciones apreciables hasta un año después de envasado y sin necesidad de añadirle antioxidantes naturales o artificiales.

Se ha reportado que el aceite de oliva virgen contiene un numeroso grupo de sustancias de variada composición, ajenas a las correspondientes a su perfil lipídico. Estas, aunque secundarias y en una proporción de alrededor del 2 % juegan un rol importante en este aceite de y definen en muchos casos su naturaleza y acción beneficiosa para el organismo. Entre ellas se destacan: *

Terpenos:
Escualeno: 300-700 mg / 100 g
Carotenos: 0.5-10 mg /Kg

Clorofilas: 0 a 9.7 ppm

Tocoferoles: 7-30 mg / 100 g, prevaleciendo el
γ-tocoferol con una concentración media del 93 %.

Esteroles: 80-240 mg/100g
Campesterol: 2.0-3.0 %

Estigmasterol: 1.0-2.0 %
Avenasterol: 95.0-97.0 %

Compuestos fenólicos: 50-500 mg/Kg

Otros compuestos orgánicos en menor proporción:
Alcoholes
Cetonas
Ésteres aromáticos
Éteres
Derivados furánicos, entre otros.

(*Fuente:* **Mataix y Martínez de Victoria (1988).**

Todos estos componentes que muestran una notable actividad biológica son beneficiosos para el organismo humano, caracterizan al aceite de oliva y lo hacen sobresalir por encima de los demás aceites vegetales, así como su composición lipídica rica en ácido oleico. Es verdad que los aceites vírgenes extraídos de otras plantas oleaginosas poseen también en su composición sustancias, en algunos casos, similares a las del aceite de oliva, pero la mayoría no son aptos para el consumo de manera directa, o sus propiedades organolépticas no lo hacen apetecibles para ser ingeridos en la forma en que se presentan.

De los componentes secundarios del aceite de oliva, es necesario destacar el alto poder antioxidante de algunos de ellos, como los tocoferoles, polifenoles y la vitamina A, lo que además de traducirse en la práctica en la elevación de la estabilidad del producto, evitando o retardando la oxidación y el enranciamiento, de similar manera ejercen un papel protector celular en el organismo humano, retardando o inhibiendo la oxidación biológica de las células evitando los trastornos relacionados con ello.

A continuación se describe brevemente las principales características de algunos componentes minoritarios del aceite de oliva:

Escualeno ($C_{30}H_{50}$).

Escualeno

Líquido translucido de color amarillo pálido.

Tf, 0,5 °C
Teb.275 °C
Densidad 0,858 g/cm³
M: 410,72 g/mol

El escualeno es el principal componente de la fracción insaponificable del aceite de oliva virgen y se presenta en este en concentraciones entre el 60-75 %. Su estructura se corresponde con la de un hidrocarburo alifático con dobles enlaces conjugados. Es precursor de la biosíntesis de esteroles entre los que se encuentra el colesterol y la vitamina D, entre otros. Contiene 6 unidades de isopreno, por lo que es posible que estas se formen por cicloadición en los enlaces 1,4.

El escualeno pertenece al grupo de los carotenoides, dentro del cual se halla el β-caroteno, que se encuentra también en las zanahorias y otros frutos y vegetales causante del color de los mismos. El β-caroteno se oxida en el hígado para producir vitamina A ($C_{20}H_{30}O$), por lo que se considera un precursor de esta de conocida acción en la formación de imágenes en la retina, además de otras muchas propiedades beneficiosas para el organismo.

Clorofila.

Estructura de la clorofila a

La clorofila es un pigmento vegetal de singular importancia para las plantas pues es la que condiciona los procesos fotosintéticos que se llevan a cabo en ella, y por tanto la producción de azúcares y almidones a partir de agua y dióxido de carbono mediante la luz solar.

Antes de arribar a la madurez, muchos frutos como las aceitunas muestran una tonalidad verde debida a este pigmento, que pasa a los aceites cuando estos son extraídos del fruto. Como este pigmento disminuye su concentración en la medida que el fruto madura, los aceites pueden sufrir una variación de color que va del verde oscuro al amarillo tenue. Por esto, cuando la recolección es temprana, el aceite virgen presenta una mayor concentración de clorofila y toma un color verde oscuro, que se hace más claro y tenue con el avance de la cosecha.

La clorofila presente en los aceites de oliva vírgenes se va degradando con el transcurso del tiempo a través de un proceso acelerado por la temperatura y la exposición a la luz, por lo que los aceites van cambiando la tonalidad verde por la amarilla, aunque esto no constituye un indicador organoléptico durante la cata, y generalmente los profesionales dedicados a esta labor, emplean copas azules para no ver afectados subjetivamente sus criterios.

El color verde de la clorofila responde a sus máximos de absorción en el rango de de longitudes de onda de 400-500 nm (azul) y 600-600 nm (rojo), cuya combinación se corresponde con una media espectral centre 500-600 nm, esto es, el color verde que identifica el ojo humano. La intensidad de estas bandas se correlaciona por la ley de Lambert-Beer con la concentración de clorofila. Al transformarse con el tiempo las clorofilas en caroteno es que aparecen las bandas asociadas con el color amarillo.

Estructuralmente la clorofila consta de dos partes: un anillo de porfirina con enlaces coordinados con el Mg cuya función está relacionada con la absorción de la luz solar y una cadena de fitol necesaria para mantener el pigmento unido a la membrana fotosintética.

Hay diferentes formas de clorofila que no es menester valorar en este trabajo, pero sí resaltar que a ella se le atribuyen diferentes propiedades beneficiosa para la salud como su acción antioxidante, nutricional, y también hay referencias de su acción hipolipemiante y antimutagénica, entre otras cualidades, por lo que su presencia en el aceite de oliva virgen da un valor suplementario a este aceite.

Vitamina A: Retinol. ß-caroteno.

Retinol

Es una vitamina liposoluble que aparece en los vegetales en forma de carotenos y en los animales en su forma exacta y natural. Su efecto protector y beneficioso para la salud está dado por la facilidad para capturar radicales y oxígeno libre. Está presente en muchas variedades de plantas a las que comunica su color. Es muy inestable al calor y a los metales de los utensilios de cocina como hierro y cobre, entre otros.

Se considera que los carotenos poseen acción antioxidante por su capacidad para secuestrar radicales libres, incluyendo el oxígeno atómico.

Tocoferoles.

Estructura general de los tocoferoles

Los tocoferoles constituyen uno de los componentes básicos del aceite de oliva y le confieren a este la mayor parte de sus propiedades antioxidantes. Sus cantidades varían en función de la variedad de aceituna de la que se extrae el aceite virgen, pues en el refinado se pierde una parte sustancial de este durante el proceso tecnológico a que es sometido, lo que hace necesario que al final se le añadan las cantidades perdidas o necesarias para mantener su estabilidad. Esto, como se ha explicado, no ocurre en el aceite de oliva virgen que contiene solo las extraídas del fruto durante la molienda, pero que resultan suficientes para evitar su oxidación y deterioro durante un tiempo prolongado.

En el aceite de oliva se han identificado los tocoferoles alfa, beta y gamma en mayor o menor proporción, aunque generalmente prevalece el γ-tocoferol. Estas sustancias son muy importantes para el organismo pues merced al grupo OH presente en el anillo aromático pueden capturar radicales libres y disminuir la cinética de oxidación celular El isómero alfa (α) conocido como vitamina E y juega un importante un papel importante en el organismo. A continuación se estudiarán las propiedades y características de algunos de ellos.

Vitamina E (α-tocoferol): Tocoferoles y tocotrienoles.

Son antioxidantes lipídicos de gran eficiencia para capturar oxígeno, limitando la formación de peróxidos en el metabolismo celular de los lípidos asociado con moléculas de ácidos grasos insaturados.

Químicamente, estos compuestos, son poliprenoides caracterizados por la presencia de un anillo aromático con un grupo hidrófilo y una cadena poliprenoide. Si la cadena es saturada corresponde a los tocoferoles, si es insaturada a los tocotrienoles.

α-tocoferol

El α-tocoferol se presenta como un sólido blanco de masa molecular 430,7 g/mol y densidad 0,95 g/cm³, poco soluble en agua, pero sí en aceites y otros líquidos de baja polaridad.

En su mecanismo de acción, el α-tocoferol actúa evitando la oxidación de los ácidos grasos y por consiguiente la formación de peróxidos. De los tocoferoles es el más activo como agente antioxidante.

Gamma tocoferol

γ-tocoferol.

Es una de las formas de la vitamina E. Se presenta comúnmente como un líquido aceitoso de color ligeramente amarillo pálido.

Su masa molecular es 416,7 g/mol y su solubilidad en agua y líquidos polares es muy baja, pero se disuelve bien en solventes orgánicos menos polares como el etanol, la acetona y los aceites vegetales.

Por ser relativamente poco soluble en agua, pero sí en líquidos de baja polaridad como los lípidos, es muy útil para ralentizar la degradación oxidativa de las grasas y así evitar que estas se pongan rancias. Es un antioxidante eficaz presente en el aceite de oliva y en otras grasas de origen vegetal y animal.

δ-tocoferol.

Se presenta como un líquido aceitoso con cierta viscosidad, de tonalidad amarilla tenue, de masa molecular (**M**) 402,7 g/mol, poco soluble en agua, pero sí en líquidos menos polares como los aceites vegetales. Constituye una de las formas en que se presenta la vitamina **E**.

Ejerce una fuerte acción antioxidante en el aceite de oliva, aunque su actividad como antioxidante es ligeramente menor, que sus isómeros

Vitamina K. Filoquinona.

Vitamina K ($C_{31}H_{46}O_2$)

2-metil-3-[(2*E*)-3,7,11,15-tetrametilhexadec-2-en-1-yl]naftoquinona

M: 450,70

La vitamina K, también conocida como filoquinona es una sustancia con propiedades coagulantes o antihemorraicas de amplio uso en el sector de la salud para prevenir casos en que concurra algún peligro de hemorragia durante una intervención quirúrgica de mayor o menor magnitud. Es una sustancia liposoluble que se encuentra tanto en el fruto como el aceite de los olivos. De acuerdo con su estructura es un compuesto derivado de la 2-metilnaftoquinona.

Todas las formas de vitamina K comparten un anillo metilado de naftoquinona en su estructura molecular, la cual puede variar de acuerdo a sus sustituyentes alifáticos en la posición 3 de la cadena. La filoquinona, variante natural de la vitamina K, contiene cuatro residuos isoprenoides en su cadena lateral, de los cuales uno presenta insaturación

La vitamina K se encuentra en el aceite de oliva en menor medida que la vitamina E, pero juega un rol importante dentro de las propiedades de este aceite. Es soluble en lípidos, pero no en agua, por lo que permanece en el aceite una vez extraído el jugo de las aceitunas y separada la humedad.

También es conocida la acción de la vitamina K en la generación de glóbulos rojos.

Compuestos terpénicos.

La concentración de compuestos terpénicos es una de las mayores dentro de las fracciones no saponificables del aceite de oliva y pueden presentarse mostrando una función alcohólica con estructura tetracíclica (uvaol) o pentacíclica eritrodiol, incluso ácida como los correspondientes ácidos oleanólico y maslínico. Como el uvaol y el eritrodiol se encuentran en mayor abundancia en la piel del fruto, concurren en mayor presencia en el aceite de orujo y su medición puede resultar un indicador adecuado para detectar adulteraciones del aceite de oliva virgen mediante aceite de orujo, por lo que se norman las concentraciones máximas posibles de estos compuestos en el aceite virgen.

Eritrodiol ($C_{30}H_{50}O_2$)

Uvaol ($C_{30}H_{50}O_2$)

Otros compuestos terpénicos que se encuentran en el aceite de oliva virgen de forma menos representativa son algunos alcoholes triterpénicos de estructura pentacíclica como el cicloartenol y las amirinas α y β entre otros.

Cicloartenol (C$_{30}$H$_{50}$O)

β-Amirina (C$_{30}$H$_{50}$O)

Fitoesteroles.

Estos compuestos se presentan en el aceite de oliva bajo la forma preferente de sitosterol y avenasterol, vienen a ser como los homólogos del colesterol en las plantas. El que más abunda en el aceite de oliva virgen es el sitosterol en tres o cuatro veces mayor cantidad que el avenaesterol, en menor proporción también se encuentra el campesterol y el estigmasterol, este último puede ser un elemento indicativo de adulteración del aceite de oliva virgen cuando se encuentra en cantidades por encima de lo normal, ya que en otros aceites como el de girasol este lo contiene en cantidades mucho más significativas. El contenido de esteroles totales es más alto en los aceites de oliva vírgenes que en los refinados, por cuanto este es hidrosoluble y se pierde durante el proceso tecnológico de refinación.

β-Sitosterol C$_{29}$H$_{50}$O)

Δ$_5$-Avenasterol C$_{29}$H$_{50}$O)

Campesterol (C$_{28}$H$_{48}$O)

Estado sólido a temperatura ambiente

M: 400,68 g/mol

T.fus. 157,5 °C

Es un derivado estereoideo con estructura molecular parecida a la del colesterol, y a su vez el esterol más simple, posee un grupo OH en la posición 3 de la estructura o esqueleto estereoideo, con enlaces sigma o saturados en el resto de la molécula, salvo un doble enlace en el segundo anillo. Posee actividad reductora sobre el colesterol al limitar o competir con él en su absorción por el intestino delgado. Aunque se encuentra en cantidad menor en el aceite de oliva, otros aceites vegetales también lo contienen como el de soja, por ejemplo. Conjuntamente con el estigmasterol y el brassicasterol, se produce un fármaco complejo hipocolesterolémico. Por esta razón los fitosteroles se emplean como aditivos alimentarios de algunos productos grasos como las margarinas y la mantequilla. Se le confiere, además, acción antiinflamatoria.

Alcoholes alifáticos de cadena larga.

En el aceite de oliva se también se encuentran alcoholes alifáticos de número par de átomos de carbono en cadenas hidrocarbonadas de 18 a 28 átomos, de los cuales los más abundantes son el hexacosanol y el octacosanol, aunque otros varios más pueden encontrarse en cantidades poco significativas. Estos, al igual que los esteroles y terpenos pueden encontrase en forma esterificada con diferentes ácidos grasos.

Hexacosanol. Hexcosan-1-ol

$C_{26}H_{54}O$

$CH_3(CH_2)_{25}OH$

Se presenta como un sólido ceroso a temperatura ambiente y muestra una longitud de cadena de 26 átomos de carbono. Es soluble en disolventes orgánicos pero no en agua. Abunda más en la cubierta del fruto.

M: 382,7 g/mol

Tf. 79 °C

Teb. 240 °C

Ésteres de cadena larga.

Además de los triacilglicéridos que forman los ácidos grasos con la glicerina, los demás alcoholes presentes en el aceite de oliva pueden forman ésteres con los ácidos grasos que se encuentran en estado libre, lo que abre un amplio abanico de posibilidades y hace tan rico este aceites en diferentes y variados compuestos como los ésteres a los que se ha hecho referencia anteriormente. Dentro de estos se pueden mencionar las ceras obtenidas por unión de los alcoholes de masa molecular elevada (C20-C28) con los ácidos grasos de cadena larga para formar ceras con más de 40 átomos de carbono y de número par, que son las que más se encuentran en el aceite de oliva y que pasan a este durante el proceso de extracción, pues se encuentran en la piel de los frutos para protegerlos y evitar su pérdida de agua o deshidratación.

Compuestos fenólicos.

Estos importantes compuestos de elevada acción antioxidante difieren un tanto de los compuestos contenidos en las fracciones secundarias del aceite de oliva estudiados hasta ahora, pues poseen una mayor polaridad y su contenido en el aceite depende de diferentes factores, incluyendo el grado de madurez del fruto sometido a extracción en las almazaras, y un sinnúmero más de factores, incluyendo los climáticos. En el proceso de refinación se pierde gran cantidad de estas valiosas sustancias por lo que su presencia en el aceite de oliva virgen es uno de los aspectos que le da valor e importancia a este producto. Se encuentran en una cantidad variable en este, aproximadamente entre 50-200 mg por kg de aceite, aunque esto puede variar sustancialmente hasta cantidades mucho mayores o menores.

Como se expresaba, los polifenoles se encuentran en cantidades apreciables en el aceite de oliva virgen y son de los que más aportan a la estabilidad antioxidativa de este, también son en gran medida responsables de su sabor amargo. Se ha comprobado que la estabilidad de los aceites ante la oxidación es directamente proporcional a la concentración de polifenoles presentes, para llegar a este conclusión se siguieron técnicas analíticas como la de *Rancimat*, esto es, medir el tiempo necesario para que un aceite comience a presentar cualidades de enranciamiento cuando se calienta a temperaturas iguales o superiores a los 100 °C.

Los polifenoles que se encuentran en el aceite de oliva varían su contenido en función del tipo de aceituna, las condiciones de cultivo, así como de sus características propias y forma de almacenamiento y conservación.

Los polifenoles son ligeramente ácidos e hidrosolubles lo cual provoca que se encuentren en mayor medida en el aceite de oliva virgen que el refinado, por lo que no deben estar presentes, o en muy pequeña cantidad, en los aceites de semillas, de orujo u oliva refinados. Estos polifenoles se hallan contenidos en los frutos del olivo y pasan al aceite durante el proceso de molienda y extracción. En general, la concentración de compuestos polifenólicos es una medida de la calidad del aceite de oliva virgen.

Los compuestos fenólicos que se encuentran en mayor proporción en el aceite de oliva son: la oleuropeína - a la cual se hará referencia más adelante -, tirosol y el hidroxitirosol, así como otros de menor complejidad.

La estabilidad de los aceites y algunos aspectos organolépticos responden a estos compuestos, son muy antioxidantes, siendo el más importante el hidroxitirosol

Tirosol (4-(2 hidroxietil) fenol).

$C_8H_{10}O_2$

Estado físico: sólido

M: 168,16 g/mol
Densidad 1,2 g/cm³
Tfus. 90 °C
Teb. 287 C° a 760 mmHg
Índice de refracción: 1,578

Tirosol

Es un derivado fenólico que se encuentra en determinadas plantas, y por supuesto, en el aceite de oliva y también en el de argán. Posee propiedades antioxidantes derivadas de los dos grupos OH que presenta, uno de ellos unido al anillo, lo que le da las propiedades fenólicas y otro a una cadena etílica. Es menos poderoso que otros derivados fenólicos, pero a la vez es más abundante, lo que atenúa este efecto. Esta considerado un protector celular ante la oxidación.

Hidroxitirosol

Además de este derivado fenólico simple se pueden mencionar otros más como el ácido p-cumérico, gálico etc., en una amplia variedad de productos de mayor o menor efecto antioxidante, también cabe mencionar ésteres derivados como los acetatos de tirosilo entre otros.

Con carácter polifenólico se ha registrado la presencia de flavonoides como la apigenina, en una amplísima variedad de tipos y estructuras, generalmente derivados de formas moleculares más simples como:

Fenol   **Pirocatecol**   **Pirogalol**

Otros compuestos polifenólicos de interés mediático.

En los últimos tiempos se han descubierto o identificando diferentes compuestos en los frutos y el aceite de oliva, con interesantes propiedades beneficiosas para la salud, algunos, incluso, con potencial efecto farmacológico, dentro de estos se destacarán algunos de ellos como el *oleocantal y la oleuropeina*, entre otros, así como los resultados de las investigaciones llevadas a cabo hasta el momento.

Oleocantal

(Descarboximetil ligustrósido aglicona)

Oleocantal

102

Es una sustancia natural caracterizada por dar, o intensificar el sabor áspero, amargo y picante al aceite de oliva virgen extra, o de calidad superior. Fue descubierta en años recientes en algunos aceites de oliva italianos, pero en estudios aún más recientes se considera que es más frecuente encontrarlo en los lotes de aceite de oliva griegos. No se encuentra presente en todos los aceites de oliva, al menos en cantidades apreciables.

Lo interesante de esta sustancia es que muestra efectos semejantes a los de los fármacos antiinflamatorios no esteroideos como el ibuprofeno, sin que venga acompañado de las contraindicaciones de este, dado que viene integrado en el aceite de oliva virgen en pequeñas proporciones.

El término oleocantal está relacionado con las propiedades del compuesto:

Óleo: aceite, canth: espina, y el sufijo final *"al"* correspondiente a la función aldehído.

Químicamente hablando, el *oleocantal* u *oleocanthal,* como aparece con frecuencia escrito en inglés, es un éster del tirosol con una estructura derivada de la oleueropeina, compuesto también identificado en el aceite de oliva. Su estructura es, por supuesto, diferente a la del ibuprofeno.

En sus primeros ensayos se midió su acción irritante sobre la garganta y se encontraron correlaciones positivas entre el grado de esta y la concentración del producto.

Las acciones farmacológicas del oleocantal están relacionadas con su efecto antiinflamatorio y antioxidante, al interferir en el metabolismo de las prostaglandinas, limitando, o atenuando la acción de la enzima ciclooxigenasa, sin que lo realice de forma selectiva. Otros estudios recientes indican que también ejerce un efecto antiproliferativo de las células tumorales, favorece la muerte celular de estas mediante la caspasa-3 y muestra, además, actividades anti-migratorias y anti-invasivas. También se asocia con efectos positivos sobre las enfermedades neurocerebrales relacionadas con el Alzheimer (estudios in "vitro" y en ratones), pero dado el escaso tiempo transcurrido desde el descubrimiento de esta sustancia, apenas 15 años, esto impide que se establezcan conclusiones definitivas al respecto.

La concentración media del oleocantal en los aceites de oliva estudiados, es del orden de los 50 mg/L, por lo que una ingesta de 30 ml de aceite por día, con una absorción de este entre el 60-90 %, podría suministrarle al individuo una dosis diaria de 5,4 mg de este fármaco natural, útil para la prevención de diferentes enfermedades, semejante a estudios que se han realizado con el ácido acetilsalicílico (aspirina) que también interfiere en la síntesis de prostaglandinas.

Oleaceina

Es un compuesto de estructura semejante al oleocantal, con la única diferencia que muestra un grupo OH unido al anillo en posición orto con el OH original de este, de manera que tiene en total dos grupos OH en este anillo, a diferencia del oleocantal que tiene uno.

Se ha demostrado que la oleaceina inhibe la acción de la 5-lipooxigenasa, de importancia en el tratamiento de las enfermedades respiratorias como el asma y otros procesos inflamatorios. Estudios realizados para determinar la composición de esta sustancia, indican que se halla en concentraciones de 65 ppm en el aceite de oliva, la mitad del contenido de oleocantal y la tercera parte de los polifenoles aldehídicos en el aceite.

Oleuropeina ($C_{25}H_{32}O_{13}$)

Oleuropeina

M: 540,51 g/mol

Es un glucósido secoiridoide esterificado con un alcohol fenilpropanoide, que se incorpora al aceite de oliva virgen procedente de las aceitunas verdes, y otorga un gusto amargo a este aceite. Además de en la pulpa, la oleurepeina se encuentra en las hojas de los olivos. Este compuesto también ha sido identificado en el aceite de argán.

Es de inferir que la oleuropeina sea un poderoso antioxidante natural, nada más darse cuenta de la gran cantidad de grupos OH fenólicos que presenta en su estructura, por lo que ayuda a la estabilidad y durabilidad del aceite de oliva, así como su resistencia al enranciamiento y la oxidación.

La acción farmacológica de la oleuropeina se ha estudiado en animales de experimentación de cuyas conclusiones se extrae que inyectada por vía intravenosa reduce la presión arterial y dilata las arterias coronarias, por otra parte, *in vitro* los estudios sugieren que inhibe la oxidación del colesterol de las **LDL**, por lo que puede tener un efecto positivo sobre las **ECV**.

La oleuropeina se puede convertir en ácido elenólico durante el procesamiento salino de las aceitunas, lo que las preserva del ataque bacteriano y favorece su conservación. El hidroxitirosol derivado de la oleueuropeina es un potente agente antioxidante.

Compuestos volátiles.

Al igual que en los demás aceites vegetales, en el aceite de oliva se encuentran sustancias volátiles de baja masa molecular, que pueden pasar a la fase de vapor a temperatura ambiente, y sobre todo, bajo calentamiento, provocando sabores, olores, y aromas en el mismo. Se han identificado cerca de 100 de estas sustancias, aunque algunas se forman durante el proceso de almacenamiento del aceite, por cuanto el fruto es procesado tan pronto arriba a la almazara. Su naturaleza y composición depende de numerosos factores, incluyendo la naturaleza de las aceitunas, el estado de maduración, las condiciones climáticas y de cultivo, entre otros.

La naturaleza de estos compuestos volátiles minoritarios en el aceite de oliva responde a diferentes funciones orgánicas dentro de las que se han podido caracterizar: alcoholes, aldehídos, ácidos, ésteres y fenoles entre muchos otros. Los más abundantes y frecuentes en los aceites obtenidos en la Cuenca del Mediterráneo son el hexanal, el hexanol, el 3-metilbutanol, entre otros, así como el aldehído insaturado trans-2-hexenal.

Vitaminas del complejo B.

Aunque su existencia en el aceite de oliva es muy limitada dado el carácter generalmente hidrosoluble de estas vitaminas, sí existen en el fruto del olivo en cantidades aproximadas de 3 mg/kg de aceituna, dentro de ellas se ha identificado la tiamina (B1): 0,21 mg/kg; riboflavina: (B2): 0,07 mg/kg; niacina (B3): 2,37 mg/kg, la más abundante, y la B6: 0,31 mg/kg.

Tiamina (B1). ($C_{12}H_{17}N_4OS+$).

Tiamina

Masa molecular: 365 g/mol.
Temp. de fusión: 248 °C

Desde el punto de vista químico, esta molécula está formada por dos estructuras cíclicas enlazadas a través de un anillo de pirimidina con un grupo amino, y un anillo tiazol unido a la pirimidina por puente de metileno.

Este compuesto también es conocido como tiamina y forma parte de las conocidas vitaminas del complejo B, es soluble en agua y en glicerina, pero poco soluble en disolventes menos polares como el etanol. Por todo lo anterior, durante el proceso de producción del aceite de oliva virgen, la mayor parte de la misma puede irse con el agua, quedando en muy poca o mínima proporción en el aceite final.

La vitamina B1 es archiconocida por cuanto su carencia en el organismo provoca enfermedades como el beriberi, y el síndrome de Korsakoff.

La tiamina juega un rol fundamental en la oxidación de los carbohidratos, con la liberación de la energía necesaria para el funcionamiento del organismo. También tiene incidencia en el sistema nervioso

Riboflavina: (B2) ($C_{17}H_{20}N_4O_6$).

Riboflavina

M: 376,36 g/mol
Temp. de fusión: 280 °C

Se presenta como un sólido amarillo soluble en agua, y está constituida por un anillo de isoaloxazina dimetilado unido al ribitol con su cadena de 5 átomos de carbono. Al igual que la tiamina, juega un rol importante en el metabolismo energético de los carbohidratos y también en el de otras biomoléculas como lípidos, y proteínas. Es sensible a la luz solar y al calentamiento. La falta de esta en el organismo causa trastornos oculares, cutáneos y fatigas, entre otros.

Niacina (B3) ($C_6H_5NO_2$)

Ácido piridin-carboxílico

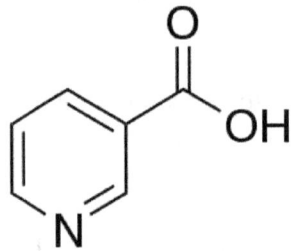

Niacina

M: 123,11 g/mol

Temp. de fusión: 237 °C

pKa: 4,87

A pesar de encontrase en pequeña cantidad en el aceite de oliva es la más abundante de las vitaminas del complejo B encontradas en él. Es soluble en agua y posee carácter ácido, como su nombre lo indica. También se le conoce como ácido nicotínico.

Dentro de la designación de B3 también se incluye la amida

derivada del ácido nicotínico: nicotinamida ($C_6H_6N_2O$).

Esta sustancia realiza importantes funciones en el metabolismo como la eliminación de sustancias tóxicas nocivas para el organismo y participa en la síntesis de hormonas esteroideas por las glándulas suprarrenales. También actúa en el metabolismo celular integrada en las coenzimas **NAD y NADP**. Tiene participación en las reacciones de oxidación de carbohidratos, lípidos y proteínas. Incide, además, en el funcionamiento del sistema nervioso, así como en el circulatorio

Vitamina B6

Es en realidad un grupo de tres sustancias químicas de estructura muy parecida: piridoxina, piridoxol y piridoxal

Piridoxina   Piridoxol   Piridoxal

La diferencia básica entre las tres estructuras se deriva de los grupos sustituyentes unidos al anillo piridínico: en la piridoxina derivados alcohólicos, en el piridoxol uno de ellos carbonílico y en el piridoxal uno de los grupos es amino.

Son compuestos hidrosolubles y los fosfatos de piridoxal y piridoxamina funcionan como coenzimas en diferentes reacciones enzimáticas relacionadas con el metabolismo de aminoácidos, en el que se ocupan de la transferencia del grupo amino (**transaminasas**)

Su deficiencia es rara en el organismo, salvo que las personas presenten problemas nutricionales relacionados con una dieta deficiente, como ocurre generalmente en países pobres con bajo índice de desarrollo económico.

El fosfato de piridoxal sirve de coenzima en el metabolismo de neurotransmisores que regulan el estado anímico y en la síntesis de dopamina, adrenalina, etc., así como el ácido γ-aminobutírico actúa como neurotransmisor inhibitorio muy importante para el funcionamiento del cerebro.

La vitamina B6 es muy común en el mundo deportivo dado el incremento que puede ocasionar sobre el rendimiento muscular y la producción de energía, aspecto básico en estas actividades, dado que estas favorecen la liberación de glucógeno por el hígado.

Su deficiencia en el organismo, muy rara por cierto en la población de los países desarrollados que tienen una dieta normal, se manifiesta mediante anormalidades neurológicas: neuritis periférica, así como dolor en las extremidades. En los países subdesarrollados con limitaciones alimentarias se manifiesta con mucha mayor frecuencia.

Aditivos del aceite de oliva virgen.

Cada vez es más frecuente encontrar en los supermercados y comercios minoristas, aceites de oliva virgen a los que se le han añadido determinado tipo de ingredientes para darles sabor, aromas, etc. Entre estos tipos figuran los aceites aromatizados con limón, ajíes, albahaca etc. Esto, sin embargo, incumple la reglamentación establecida por el Consejo Oleícola Internacional (**COI**), en lo concerniente a las normativas que rigen para los aceites de oliva, lo que determinó que en su 22 Reunión Extraordinaria este organismo efectuara un recordatorio y realizara un llamado de atención en el sentido de que dichas acciones no están permitidas, al menos de acuerdo con las definiciones de los aceites de oliva virgen, que excluyen la adición de cualquier tipo de aditivo, y al decir cualquiera, es cualquiera, esto es, **ninguno**.

El añadir al aceite de oliva virgen cualquiera de los ingredientes relacionados u otros de diferente naturaleza conlleva de inmediato a que el éste pierda su denominación de virgen por lo que sería más recomendable llamarlos como aceite de oliva con ajo, romero etc., a secas, sin el empleo del término *"virgen"*.

En el caso de los aceites de oliva refinados y de orujo, se hace posible el empleo del aditivo **E307, α-tocoferol**, como antioxidante en las proporciones que este pueda disminuir durante el proceso de refinación, sin que se sobrepase la dosis máxima de 200 mg/kg de **α-tocoferol** total en el producto final.

En esencia, el aceite de oliva virgen se define y debe ser así, como un aceite virgen, sin ningún tipo de manipulación ni transformación, como el producto natural obtenido de la trituración de las aceitunas, sin aditivo de ninguna clase (conservante, colorante o agente químico).

LECTURA COMPLEMENTARIA

Aceite de oliva y dieta mediterránea

Hoy día la dieta mediterránea constituye una de las formas más importantes de suministrar alimentos y nutrientes sanos y saludables al organismo humano y guarda estrecha relación con los hábitos y formas alimenticias de los habitantes de los países de la Cuenca del Mediterráneo. Precisamente, a raíz de los estudios llevados a cabo por Keys y colaboradores a mediados de la década del 50 del siglo pasado sobre el papel protector de los ácidos grasos insaturados sobre los factores de riesgo aterogénicos, esta dieta tomó vigencia y también al encontrarse evidencias de que en estos países era mucho menor la tasa de envejecimiento que la media mundial y se registraban con menos frecuencia los casos de enfermedades cardiovasculares.

Sin lugar a dudas, al margen de los métodos y formas de ejecutarse la dieta mediterránea y de su composición, el aceite de oliva virgen constituye el elemento base de la misma y sin él no se pudiese siquiera hablar de ella.

En efecto, las propiedades nutricionales del aceite de oliva virgen derivadas de su perfil lipídico rico en ácidos grasos monoinsaturados de la serie omega 9, y de sus componentes secundarias con un elevado número de compuestos con actividad biológica y protectores del organismo humano, hacen de este aceite un elemento indispensable de la dieta mediterránea y está muy relacionado con los elevados indicadores de calidad de vida de los habitantes de la región mediterránea.

La acción hipocolesterolémica del aceite de oliva, como agente protector ante las enfermedades cardiovasculares es el elemento básico que determina la menor incidencia de este grave trastorno en los habitantes de la Cuenca del Mediterráneo, lo que se ha evidenciado en los resultados de numerosos ensayos clínicos en que se han podido cuantificar los cambios favorables de los sujetos en estudios en indicadores claves como son el Colesterol total (**Colt**), las lipoproteínas de baja densidad (**LDLc**) y las lipoproteínas de alta densidad (**HDLc**), disminuyendo las dos primeras que son factores de riesgo del daño aterogénico y elevando el tercero que ejerce una acción protectora sobre el organismo ante este mal.

Entre los componentes que integran la dieta mediterránea, el aceite de oliva virgen se encuentra muy cerca de la base de la pirámide, sólo, sin ningún otro aceite o grasa acompañante, por lo que tiene la responsabilidad dentro de esta dieta de suministrar los ingredientes lipiditos básicos que necesita el organismo para realizar sus funciones.

La pirámide alimenticia que le corresponde a la dieta mediterránea está integrada por diferentes elementos nutricionales, dentro de los que se encuentran: frutas, verduras hortalizas, frutos secos, carbohidratos en forma de cereales, productos lácteos, huevos, y pescado, este último como fuente de ácidos grasos omega 3, y en menor cuantía carnes rojas y por supuesto el aceite de oliva virgen. Todos ellos juegan un importante rol en la nutrición y les corresponde determinada posición en la pirámide alimenticia, pero muy cerca de su base, por su importancia, se encuentra el aceite de oliva virgen, que suministra numerosos componentes necesarios para el adecuado funcionamiento del organismo y que de una forma u otra fueron tratados en este último capítulo.

Atendiendo a los datos sobre la esperanza de vida en el mundo expuestos por la Organización mundial de salud en 2018, tres países de la Cuenca del Mediterráneo ocupan un lugar destacado en esta lista: España en el tercer puesto con una esperanza media de vida de 83,1 años; Italia en el 7mo. Con 82,8; mientras Grecia, que es otro de los grandes consumidores de aceite de oliva, ocupa el puesto 23 con una esperanza de vida 81,2 entre un total de 183 países. El lector a partir de aquí puede extraersus propias conclusiones.

ADULTERACIÓN DEL ACEITE DE OLIVA

CAPÍTULO VII

Adulteración del aceite de oliva

No pasa un año sin que se publiquen nuevos casos de adulteración, o intentos de adulteración de lotes de aceites de oliva, sobre todo el denominado "virgen extra"; y no solo en los países de la Cuenca del Mediterráneo, también en Estados Unidos de América y en otros países que realizan esta producción en menor escala, por lo que parece que es un mal que se practica en todo el mundo. El motivo de esto, sin que se exoneren de culpa a los infractores, parece estar dado por el alto valor de este aceite en el mercado, y las dificultades en el control de calidad, por referirse a artículos valorados por *cata* a través de sus propiedades organolépticas.

En este hecho participan los agentes implicados en el manejo del aceite de oliva, incluyendo los productores y mercados distribuidores, que podrían aparentemente ser las víctimas de estas malas prácticas. Prueba de lo anterior es el estudio llevado a cabo por la **OCU** (Organización de Consumidores) en 2011 en España sobre una muestra de cuarenta marcas de aceites distribuidas a los consumidores, en la que en once de ellas se detectaron anomalías de diferentes tipos, incluyendo el que alguno no estaba ni siquiera apto para el consumo.

Este estudio, cuestionado por algunas grandes empresas de marcas tradicionales involucradas, por considerar basarse en pruebas subjetivas relacionadas con la *cata*, o que las anomalías podrían ser consecuencia del tiempo y las condiciones de almacenamiento, no demerita en absoluto el estudio de un organismo neutro que vela por la seguridad del consumidor, y que goza de un prestigio bien ganado entre la población hispana.

Al margen de los resultados: subjetivos o no de la **OCU**, se encuentra que los mismos pueden ocurrir de igual forma del otro bando empresarial y mercantil, pues los métodos y técnicas son las mismas, no determinadas por ensayos analíticos de laboratorio, atendiendo a las características propias del producto que se expende.

En el asunto en cuestión se vieron involucradas también las cadenas de supermercados relacionadas con los aceites adulterados, o que no reunían los requisitos para la venta y que habían sobredimensionado, consciente o inconscientemente, el precio que debía establecerse de acuerdo a su grado de calidad. Lo que es *virgen*, *lampante* o *refinado* no se puede vender como *virgen extra*, pues la diferencia de precios entre estos es muy significativa y mucho menos en el caso del aceite calificado como *lampante* no considerado apto para el consumo humano directo.

No se puede achacar las culpas al tiempo, o las condiciones de almacenamiento por que esto está totalmente normado y las alteraciones de estas condiciones no pueden afectar al consumidor. Y sí el producto había sufrido algún tipo de deterioro en su almacenamiento, o había estado más del tiempo debido, este no podía distribuirse a la población con la calidad, ni al precio original.

Pero si bien esto fue en 2011, y se supone que las marcas de aceites que podían haber presentado anomalías en sus productos ya no las tengan, porque se habrían tomado las medidas correspondientes para que el hecho no se repitiese; lo cierto es que sigue lloviendo sobre lo mojado en una práctica deleznable que no es solo de ahora, sino que lleva muchos años, tal vez cientos de años realizándose de manera censurable e indebida.

Así en el diccionario enciclopédico Escolar de 1889 se recoge que:

"Los aceites son objeto de muchas adulteraciones, que consisten en mezclar con ellos aceites inferiores en calidad y en precio, grasas o aceites animales, o también aceites minerales, aceites de resina, ácidos grasos y aún resinas".

"Las adulteraciones que más interesa conocer son las que se practican con el aceite de olivas. Se adultera o falsifica este aceite añadiéndole otros de precio más bajo, como los de sésamo, colza, adormideras, algodón y cacahuete".

El examen realizado por la **OCU** en 2011 se llevó a cabo tomando muestras de 40 aceites de oliva categoría *virgen* en sus dos modalidades: 34 *virgen extra* y 6 *virgen*, que fueron sometidas a los correspondientes análisis fisicoquímicos, así como a las pruebas organolépticas establecidas, por profesionales cualificados.

Los resultados obtenidos mostraron que en doce de ellas (30 %) se cometía engaño al consumidor, al ofrecerle un aceite de menor calidad que la que se rotula en el etiquetado. El informe señalaba, no obstante, que no se ponía en riesgo la salud del consumidor con el tipo de anomalía detectado, pero sí en cuanto a adquirir un tipo de producto que no era el que pagaba o deseaba comprar, con la consiguiente doble afectación: ética y económica, algo así como comprar *vacas* y llevarse *cabras*, o *gatos* por *liebres*.

El informe en cuestión detallaba el tipo de aceite, envase, marca, cadena de supermercados de venta y la valoración cualitativa del organismo, para determinar exactamente que tipo era el que se vendía. En cuanto a las pruebas de *catas,* se hizo énfasis en los defectos organolépticos, el afrutado y la calidad de los frutos, que son los que diferencian verdaderamente un aceite de oliva virgen extra de uno virgen a secas.

Los laboratorios escogidos para los análisis son reconocidos por la **ENAC** (Entidad Nacional de Acreditación, España) y el **COI** (International Olive Council) y cuentan con merecido prestigio. El análisis se publicó en octubre de 2012.

Aunque el informe detalla cada una de las marcas, esto no es objeto del presente trabajo, pues es un mal tan generalizado que nos llevaría mucho tiempo y espacio detallarlo, pero sí es preciso dejar constancia que para ser un estudio realizado por una institución neutral, sobre marcas reconocidas del principal productor de aceite de oliva del mundo, resulta muy preocupante que el 30 % de los productos valorados no reúniese los requisitos establecidos de acuerdo a las normas de comercialización, y que al menos dos no fuesen aptos para la venta y el consumo, por lo que debían haber sido pasados por un proceso de refinado y ofertados como tal.

El informe de la **OCU** dio mucho de qué hablar, y al parecer los organismos implicados tomaron nota de lo ocurrido, aunque algunos mostraron su desacuerdo acudiendo a argumentaciones, que más que despejar dudas, no favorecían en nada sus propósitos, por cuanto los ponían más en evidencia; así como un sistema de control que, a juicio del autor, no responde a las exigencias de la época actual en lo concerniente a una actividad tan delicada e importante como la alimenticia, que incide directamente sobre la salud y el bienestar de los ciudadanos.

Es verdad que con el tiempo se curan las heridas y se olvidan las memorias, pero este caso, atendiendo a lo explicado anteriormente es preocupante, sobre todo por los desacuerdos de opiniones de los bandos en conflicto, aunque la **OCU** siempre ha sido del criterio de que lo que se comprobó en una ocasión no tiene que ser lo mismo años después, sobre todo, si los implicados se deciden a subsanar los errores, por lo que la condena no debe ser eterna, aunque tampoco se han realizado nuevos controles por parte de este organismo

Mucho más reciente, sin embargo, y no relacionado con la OCU, es que se detectó en Andalucía un nuevo caso de fraude en que se intervinieron 120 toneladas de aceites listos para mezclar y convertir en aceite de oliva adulterado. Los aceites en cuestión eran aceite de girasol, palma y aguacate, que iban a ser mezclados con aromatizantes y colorantes apropiados, para hacerlos pasar por aceite de oliva virgen.

Según las autoridades, el proceso fue abortado a tiempo, sin que llegaran productos adulterados a la cadena de venta y distribución. Pero más que el hecho del intento de adulteración, es necesario pensar que algunos mecanismos de análisis y control de la cadena de producción y distribución presentan fallos, para que exista alguna posibilidad de que una vez cometido un fraude de este tipo el producto adulterado pueda llegar al mercado y posteriormente al consumidor, porque de lo contrario nadie se dedicaría a este tipo de fraude, so pena de quedarse con el producto sin distribuir.

Las mezclas de aceites de diferente naturaleza presentan un considerable riesgo adicional para la población, por cuanto además de conocerse por estudios qué propiedades serían alteradas, y no en bien del consumidor, dos de estos tipos de aceites contienen alérgenos para algunas personas como son los de aguacate y palma. Además, al someterse el producto adulterado al proceso de calentamiento, bien por cocción, o peor aún por fritura, sus componentes podrían sufrir cambios en sus propiedades y composición química con prejuicio para las personas.

Como si esto fuera poco, en abril de 2106, el Gobierno de España alertaba a las Comunidades Autónomas sobre la necesidad de extremar las precauciones y controles, porque al parecer, se sospechaba de fraudes para falsear la calidad de los aceites de oliva por parte de algunos productores y hacerlos pasar *vírgenes* como *virgen extra*.

El hecho en sí tiene que ver con las muestras originales precintadas por inspectores que posteriormente son cambiadas por aceites de mejor calidad, violando la precinta, para que se considere que son virgen extra cuando son de menor calidad aunque la prueba una vez alterada indique lo contrario. Estas precintas, que no debían ser manipuladas por nadie, salvo por la administración para los controles y supervisiones adecuadas, al parecer lo han sido, y esto ha motivado la carta de los organismos competentes del Estado.

La Dirección General de la Industria Agroalimentaria argumentaba en su carta, que se habían detectado análisis contradictorios en ciertas muestran relacionados con las pruebas organolépticas de los aceites de oliva vírgenes, cuyos resultados no correspondían con lo que dan las muestras precintadas. En otras palabras, que el aceite que se había supervisado no responde a lo indicado en las pruebas precintadas.

Según la carta en cuestión: *"Se ha realizado un seguimiento analítico de las tres muestras que se analizan en una serie de expedientes sospechosos y se ha constatado de forma objetiva que los indicadores analíticos de una de las muestras no coinciden con los de las otras dos".* ...*"En todos los casos descubiertos hasta el momento las muestras en poder de la administración han proporcionado los mismos resultados analíticos, mientras estos han sido diferentes en la muestra en poder del administrador [la empresa productora]".*

Este hecho al parecer no es nuevo, y ya en 2011 la **FACUA** (**ONG** Consumidores en Acción, España) había condenado en Andalucía este tipo de prácticas en marcas de bajo precio pues según el organismo, mancha *"... la imagen sobre todo de las firmas más económicas del mercado, dando la idea de que lo barato es fraudulento",* e insta a una mayor transparencia en estos problemas como *"...única manera de acabar con la impunidad de los que defraudan"*

Según establece la normativa establecida, es obligatorio recoger siempre **tres muestras**: inicial para el laboratorio, contradictorio para el interesado y dirimente para la administración pública.

En este sentido, *"Cuando la inicial sale mal, se analiza el contradictorio. Si sale mal también, hay sanción. Pero si sale bien, hay que analizar el dirimente porque el operador podría haberlo manipulado. **Levantan el precinto y cambian el aceite".*** Explican fuentes agroalimentarias desde Aragón sobre el *'modus operandi'* de los defraudadores.

El fraude en la industria del olivo, no solo está en adulterar la calidad; también ha salpicado a las subvenciones, y en 2002 *"mediante la operación oliva"* destinada a combatir el cobro de ayudas fraudulentas de la Unión Europea a la producción de aceite de oliva, se detectaron hechos fraudulentos en un proceso que se había iniciado desde 1999, y que contaba con numerosas denuncias. El fraude se estimaba sobrepasaba los tres millones de euros, aunque de esto ya han pasado más de quince años y no se cuentan con datos de que esta situación se mantenga.

Las cadenas de supermercados también han estado involucradas en estos lamentables sucesos, y la Junta de Andalucía ratificó fraude en una de ellas en 2010, de acuerdo con denuncias de las organizaciones agrícolas que detectaron envases de aceite de marcas blancas con etiquetas que decían que eran *virgen extra* y no lo eran; sino mezclas de aceites refinados de oliva y virgen en determinada proporción, es decir: anomalías en el etiquetado y en la naturaleza del producto que se ofertaba al consumidor.

A veces, entre los aparentemente participantes del fraude ocurren intentos de engaño por una o por ambas partes, como el hecho reciente de partidas de aceite de oliva virgen enviadas a Italia desde España, que según los controles de este país no reunían los indicadores requeridos y que supuestamente se compraban para ser envasados con marcas propias aunque no fueran así. Esto es, doble adulteración, o por ambas partes.

Al parecer, los aceites eran vendidos en Italia por diferentes proveedores que hacían pasar el producto por «*conductas de desacidificación y desodorización del aceite de oliva*», para que este «*se volviera aceite de oliva virgen extra*» o »*aceite de oliva virgen lampante*», denominaciones por las que se realiza su exportación a este país.

De acuerdo con el informe de las autoridades italianas del puerto de destino, los aceites que llegaban en camiones cisternas como virgen extra, al realizarse los controles dieron valores *"irregulares"* en seis de las muestras analizadas, mientras que en otras cinco las pruebas analíticas indicaban valores anómalos y el empleo de tratamientos técnicos no adecuados para mejorar su calidad.

Abandonando el Viejo Continente, en Estados Unidos el New

York Times ha publicado que hay constancia de que aceites de oliva envasados bajo marcas italianas como virgen extra, de alto valor en el mercado, en sí son aceites de oliva provenientes de España, Túnez y Marruecos, que los envían en barcos o tanques cisternas a este país para luego ser reenvasados al amparo de sus marcas tradicionales.

Lo anterior responde, a que como se expresaba al inicio, esto no es solo un problema de los países de la Cuenca del Mediterráneo, pues la Universidad de California en Estados Unidos, en pruebas realizadas en 2016, reveló que el 70 % de las muestras analizadas de aceites de oliva expendidos en tiendas y supermercados habían sido mezclados con aceites más baratos y de menor calidad (girasol y canola).

En esta ocasión la culpa recaía en los productores estadounidenses, que engañaban a los consumidores con un artículo altamente valorado en el mercado y sinónimo, o producto necesario para una buena salud.

En Australia, en años anteriores, el gobierno intensificó los controles y esto determinó que en 2012, ninguno de los aceites de oliva producidos en este país obtuviese la categoría de *virgen extra*.

En América del Sur, en Brasil, se han detectado casos de adulteración no solo en el aceite importado de Europa, sino en el propio que se produce en este país, incluso, aceites que en su mayor medida no son de oliva y se venden como tal, siendo en algunos caso los líderes del mercado.

En este mismo país, según informa su Ministerio de Agricultura, se indicaron casos de fraude en aceites de oliva importados principalmente de Argentina, por lo que identificaron alteraciones en cerca del 40 % de las pruebas realizadas en 45 marcas de aceite en 13 estados del país. Brasil es uno de los principales importadores de aceite de oliva del mundo, después de Estados Unidos, y últimamente realiza esfuerzos por ampliar su producción interna.

En Uruguay, un informe de la Sección de Evaluación Sensorial de Alimentos de la Facultad de Química de una universidad responsabilizada con estos controles, señala que la mayor parte de los aceites de oliva virgen extra que se comercializan en el país no se corresponde su calidad con el etiquetado. Según el informe de este organismo, la mayoría de los aceites proceden de Argentina, España e Italia.

El anterior estudio en cuestión, sujeto a polémica, se basó en 19 muestras procedentes de Uruguay, 12 de España, 6 de Argentina y 4 de Italia, tomadas al azar en diferentes establecimientos comerciales. El resultado de los análisis arrojo que ninguno de los aceites foráneos respondía a la calidad *virgen extra*, sí en cambio, el 84,5 de los uruguayos, lo que dio a algunos motivos para el cuestionamiento, al tener presente que en los últimos tiempos se manifiesta una fuerte tendencia en el sector por los productores emergentes a defender los intereses internos de una forma un tanto sectaria, achacando los problemas de calidad a los productos de importación.

En este sentido, de tener sustentación estas dudas, este problema no es solamente propio de Uruguay, y que tengamos alguna referencia, se manifiesta también en otros países que pujan porque su industria del aceite de oliva compita y prevalezca sobre las demás, tal es el caso de Estados Unidos, y también Brasil, aunque no se cuenten con argumentos suficientes que avalen tal afirmación, atendiendo al carácter subjetivo de las pruebas organosensoriales, que ahora se vuelcan en contra de los que las avalan y establecen.

En México, la revista **Selecciones** (28 de julio de 2017) se hizo eco del fraude del envase de aceite no original por marcas tradicionales, tomando como ejemplo a Italia donde se es tajante al plantear que: *"Italia produce una parte del mejor aceite del mundo, pero las etiquetas de las botellas no siempre dicen la verdad sobre su contenido"*.

De forma amena, un tanto novelada, la revista se hace eco de la visita de un corresponsal a la región italiana de Apulia y las penalidades de los productores tradicionales de olivares que cuentan con cientos de años de antigüedad, tomando como ejemplo la de un viejo olivicultor que luchaba contra viento y marea por mantener su pequeña finca y almazara, en una producción que iniciaron sus antepasados en épocas tan tempranas como finales del siglo XVI por métodos tan tradicionales como un molino de piedra donde: *"el jugo se separa en agua y aceite en una centrifugadora y, sin usar aditivos, calor ni ningún proceso de refinamiento, se transforma en aceite de oliva virgen extra de un luminoso tono verde dorado"*.

Consideran estos pequeños productores tradicionales, que el aceite de oliva italiano que se expende en los supermercados es un fraude, y esto se dice en una de las principales regiones productoras de aceite de oliva del país, lo que contribuye a la ruina y la desaparición de estos, pese al esfuerzo y el trabajo de los lugareños, porque los olivos son su historia y su pasión, tal vez uno de los principales motivos de sus largas vidas de andanzas entre olivares.

Y es que se reconoce, según detalla el artículo, que: *"Aceite de oliva barato producido en Túnez, Marruecos, España y Grecia suele reetiquetarse como si fuera italiano. Ese aceite no proviene de olivares italianos, pero al menos está elaborado a partir de aceituna."* Para defender al menos la procedencia de estos en contra de otros falsos y adulterados que contienen otros aceites de semillas mezclados con clorofila.

Según el articulo en cuestión, se opina que: *"el aceite "virgen extra" con frecuencia es el más barato, mezclado con aceite de orujo de aceituna (obtenido de los restos de la pulpa y la piel de las olivas mediante el uso de disolventes), tratado, desodorizado y saborizado con beta caroteno"*. Porque el fraude ha llegado hasta tal límite que se oferta en supermercados a un precio inferior al de producción, lo que es indicativo del grado e intensidad de la adulteración.

Una parte significativa del aceite virgen extra de alta calidad de Apulia, elaborado por pequeños productores con cuidadosas técnicas semiartesanales, no se consume ni se vende directamente por estos, y es enviado a grandes fabricas, donde se mezcla con otros aceites para disfrazar su menor calidad.

Para los especialistas en aceite de oliva italianos resulta imposible, en las condiciones de producción actuales, satisfacer la alta demanda de este producto con la calidad adecuada de acuerdo con los beneficios que se requieren para la salud, y que esperan los consumidores esperanzados en adquirir una valiosa joya de la dieta mediterránea. Detrás de esto está, por supuesto, los intereses de los grandes productores y sobre todo su gran influencia en las decisiones gubernamentales.

Al respecto, es interesante el libro de Tom Mueller: *Extra Virginity: the Sublime and Scandalous World of Olive Oil* ("Virginidad extra: el sublime y escandaloso mundo del aceite de oliva"), que arroja luz sobre esta problemática. *Según este autor: "Italia está a la vanguardia en tecnología científica y de investigación para poder distinguir los productos buenos de los malos".*

En mayo de 2015 en un análisis realizado por el laboratorio químico de la Oficina de Aduanas y Monopolios, en Roma, se encontraron defectos en 9 de 20 marcas populares de aceites en los supermercados. Análisis, que luego de repetidos, arrojó los mismos resultados en marcas tradicionales de aceite italiano, cuyo test no estaba de acuerdo con lo etiquetado. También hubo importantes cadenas de supermercados afectados o concurrentes con este problema.

A semejanza del caso de España con la **OCU**, las empresas productoras italianas, alguna incluso reincidente en este tipo de problemas, negaron haber incurrido en anomalías y cuestionaron la confiabilidad de las pruebas de sabor. Sus argumentos fueron rechazados por los representantes de la **AGCM** (Autorità garante della concorrenza e del mercato), aunque tenían derecho a continuar con sus apelaciones.

Estos problemas son repetitivos en Italia y recientemente las autoridades retiraron unas 2 000 TM de aceite de oliva virgen extra, al parecer de procedencia griega y española, vendido por una prestigiosa marca de este país como italiana, basándose en documentación de procedencia falsa, que luego era enviado a las fábricas para ser envasado y comercializado, dentro y fuera del país.

Según la Asociación Italiana de Agricultores **"Coldiretti"**, es preocupante: *"el gran número de fraudes con los aceites de oliva importados que son mezclados con frecuencia con los originarios del país para obtener una etiqueta de procedencia italiana que daña a productores italianos y consumidores"*

Los problemas de adulteración de aceites, que como se ha visto llegan hasta Oceanía, lo hacen también a los países asiáticos, y en 2013 las autoridades taiwanesas retiraron varios lotes de aceites de oliva procedentes de España, pero procesados en esta isla, por la sospecha de que estaban adulterados con *clorofilina*, un aditivo alimentario, el **E140ii**, que es un colorante seminatural, obtenido al tratar la clorofila con cobre y que es soluble en agua, no muestra toxicidad en las concentraciones indicadas como aditivo, pero sí libera este metal por calentamiento.

En la actuación de las autoridades taiwanesas en la fábrica donde se investigó el fraude, se requisó aceites y documentos relacionados con las formulaciones empleadas por esta en el procesamiento de los aceites.

Según los análisis realizados, el aceite virgen original procedente de España, se adulteraba y posteriormente se expendía como tal, aunque en realidad constituía una mezcla con otros aceites más baratos, y la *clorofilina* se empleaba para incentivar el color y hacerlo parecer al aceite de oliva virgen extra. Por la documentación requisada se dedujo que el aceite adulterado en cuestión podría contener hasta un 20 % de *aceite de camelia*.

También se detectaron en un inicio, niveles elevados de acidez en otros aceites de oliva, aunque las pruebas no son concluyentes. Al igual que en otros países, en un inicio los productores taiwanesas justificaron las anomalías como debidas a problemas en el proceso de embotellado.

Nuevas herramientas de análisis para los aceites de Oliva.

Atendiendo a los aspectos valorados anteriormente, y como en Europa se produce la mayor parte del aceite de oliva virgen que se comercializa en el mundo, así como que los problemas de adulteración afectan el prestigio y la economía de un sector tradicional con fuertes arraigos culturales; actualmente se están estudiando nuevas técnicas para analizar y detectar con la mayor rapidez y seguridad posible, la calidad y originalidad de los aceites de oliva para así evitar, dificultar, y desenmascarar los posibles hechos fraudulentos.

Dentro de estas técnicas se encuentra el empleo del **ADN** que permitió comprobar que aceites de oliva de un consorcio de la Toscana mostraban documentos de originalidad de aceites de olivos, que en las pruebas no correspondían a los obtenidos en esa comarca, sino que provenían de lotes importados de Grecia y Apulia.

Se trabaja, además, en la introducción de etiquetas inteligentes con códigos sobre el origen y la red de distribución de los aceites. También se acude a la nanotecnología empleando nanoparticulas magnéticas de **ADN** en experimentos llevados a cabo por investigadores suizos.

En particular, en el aceite de oliva, parece ser un método adecuado el empleo de la espectroscopia **NIR** (Near Infrarred, en castellano: Infrarrojo Cercano) que permite, mediante métodos espectrofotométricos clásicos, determinar con exactitud los componentes objeto de análisis, según una técnica propuesta por el especialista en alimentos Dr. Christian Gertz, para la determinación ultrarrápida de compuestos polares, aprovechando su absorción de radiación en la regiones espectrales intermedias entre el visible y el infrarrojo.

Bibliografía relativa al tema consultada en la red

-Aceite de oliva falso: Peligros del aceite de oliva adulterado y marcas ...
www.saludcasera.com/grasas.../aceite-de-oliva-falso-adulterado-marcas-evitar (2016).

-Adulteraciones en el aceite de oliva | Catalunya Vanguardista
www.catalunyavanguardista.com/catvan/adulteraciones-en-el-aceite-de-oliva/ (7 marz. 2011)

-ABS ECONOMÍA. http://www.abc.es/economia/abci-italia-retira-mas-2000-toneladas-aceite-espanol-y-griego-vendidas-como-producto-

-Calidad del aceite de oliva. Fraude en el aceite de oliva | MeetSpain
www.meetspain.es/.../polemica-infografia-de-new-york-times-sobre-el-aceite-de-oliva.

-Confiscan 2 mil toneladas de aceite de oliva italiano adulterado
www.notitarde.com/Internacional/...aceite-de-oliva-italiano-adulterado--/.../873558/ (3 feb. 2016).

-Detección de adulteraciones en aceites de oliva vírgenes ... - Expoliva
www.expoliva.com/expoliva2005/simposium/comunicaciones/TEC-51.pdf

-Detección de adulteraciones o contaminaciones del aceite de oliva ...
grasasyaceites.revistas.csic.es/index.php/grasasyaceites/article/download/496/498 (2008).

-Desarticulada una red que vendía aceite de oliva adulterado | Edición ...
elpais.com › Sociedad (12 ab. 2016).

-El ataque a la 'marca España' patina con el aceite de oliva | Andalucía ...
www.elmundo.es/elmundo/2012/10/05/andalucia/1349454849.html (5 oct. 2012),

-El gran fraude del aceite de oliva - Revista Selecciones México
https://mx.selecciones.com/la-gran-estafa-del-aceite-de-oliva/.
(23 de julio de 2017). Sorrel Sorrel Downer. Con investigación y textos adicionales de Lorraine Shah.

-El aceite adulterado intervenido en La Bañeza tenía efectos nocivos pa..
www.lanuevacronica.com/el-aceite-adulterado-intervenido-en-la-baneza-tenia-efectos... (19 oct 2015).

-Escolar.com (Diccionario Enciclopédico 1889). 2014 - Diccionario Enciclopédico Hispano-Americano Siglo XIX. ACEITE. Adulteraciones del aceite de oliva.
ACEITE - Adulteraciones del aceite de oliva - Escolar.com
www.escolar.com/EnciclopediaXIX/aceite-oliva-adulteraciones.html

-El Gobierno detecta un fraude para falsear la calidad del aceite de ...
www.eldiario.es/sociedad/Agricultura-detecta-fraude-controles_0_507449640.html (22 abril 2016)

-EE.UU perseguirá la adulteración del aceite de oliva con aceite de ...
www.olimerca.com/...adulteracion...aceite-de-liva...aceite.../d85e13456205d1b93a0...(1 de jun. 2016).

-EEUU: la FDA podría revisar las normas de autenticidad para el aceite ...
www.portalolivicola.com › Internacionales (27 jul. 2017).

-El fraude alimentario – Clarín.
https://www.clarin.com/buena-vida/.../fraude-alimentario_0_H1ulGOojwQl.html

(29 enero 2013).

-Fraude del aceite de oliva en Estados Unidos | Gastronomía &
Cía.
https://gastronomiaycia.republica.com/.../fraude-del-aceite-de-
oliva-en-estados-unidos... (2 de nov. 2010).

-Fraude en el aceite de oliva virgen extra de España |
Gastronomía & Cía
https://gastronomiaycia.republica.com/.../fraude-en-el-aceite-de-
oliva-virgen-extra-de...(24 nov. 2010).

-Fraude del aceite de oliva en Uruguay | Gastronomía & Cía
https://gastronomiaycia.republica.com/2010/.../fraude-del-
aceite-de-oliva-en-uruguay/ (3 nov. 2010).

-Gastronomiaycia.republica.com/2010/11/03/fraude-del-aceite-
de-oliva-en-uruguay/

-https://okdiario.com/.../agricultura-analiza-si-dia-adultera-
aceite-oliva-mezclandolo-gi. (15 de jun. 2016)

-Investigan a una empresa de Córdoba por la supuesta venta de
aceite ...
sevilla.abc.es/.../sevi-investigan-empresa-supuesta-venta-aceite-
adulterado-italia-2017. (11 feb. 2017).

-Italia 'destapa' un fraude del aceite de oliva español vendido
como ...
www.eleconomista.es/.../Italia-destapa-el-fraude-del-aceite-
espanol-vendido-como-ital.. (3 feb 2006).

-INMETRO analiza marcas de aceite de oliva extra virgen en
Brasil.
www.revistaquimica.cl/?p=3861 (9 enero 2016).

-La estafa del aceite de oliva virgen italiano - Cocinillas
cocinillas.elespanol.com/2014/01/la-estafa-del-aceite-de-oliva-
virgen-italiano/ (31 enero 2014).

-Los carabineros desarticulan una red que comercializaba aceite de ...
www.publico.es/actualidad/carabineros-desarticulan-red-comercializaba-aceite.html (21 feb 2011).

-Mueller, T. (2011): *Extra Virginity. The Sublime and Scandalous World of Olive Oil* W.W. Norton and Company. ISBN: 0393070212

-Nuevos marcadores de adulteraciones en aceites de oliva.
noticias.universia.es › Noticias › Portada (10 marz. 2011).

-Nuevos pasos contra el fraude del aceite de oliva en Brasil - Icex
www.icex.es/icex/es/Navegacion-zona-contacto/revista-el.../NEW2017712216.html (7 may. 2017).

-OCU-Compra Maestra nº 375 Noviembre 2012. www.ocu.org

-Trazabilidad y Autentificación de Aceites.
https://www.trafoon.org/sites/trafoon.org/files/jaen_garcia_2015 05.pdf (6 may. 2015)

-Técnicas basadas en ADN para detectar aceite de oliva adulterado ...
www.agenciasinc.es/.../Tecnicas-basadas-en-ADN-para-detectar-aceite-de-oliva-adulte..(17 may 2017)

-Taiwan retira un aceite de oliva español adulterado por una empresa ...
www.elmundo.es/elmundo/2013/10/18/economia/1382059146.html (18 oct. 2013)

-Tecnología alimenticia para luchar contra fraudes como el del aceite ...
https://www.technologyreview.es/.../tecnologia-alimenticia-para-luchar-contra-fraudes.. (26 may 2015)

-The New York Times desata la polémica en torno al aceite de oliva ... - Icex
www.icex.es/icex/es/navegacion-principal/todos-nuestros...de.../4729675.html?...(2017)

-Taiwan denuncia que un Aceite de Orujo de Oliva Italiano contiene ...
andexconsultores.es/taiwan-denuncia-que-un-aceite-de-orujo-de-oliva-italiano-contie... (16 enero 2014)

-Universidad de California revela las marcas que venden aceite de ...
tlvz.com/marcas-que-venden-aceite-de-oliva-falso/ 2016

CAPÍTULO ANEXO

Algunas normas recogidas en el boletín del COI/T.15/NC nº 3/Rev. 7 Mayo de 2013 referidas a los aceites de oliva y orujos.

NORMA COMERCIAL APLICABLE A LOS ACEITES DE OLIVA

Y LOS ACEITES DE ORUJO DE OLIVA

1. ÁMBITO DE APLICACIÓN

Esta norma se aplicará a los aceites de oliva y los aceites de orujo de oliva objeto de comercio internacional o de transacciones en forma de concesiones o de ayuda alimentaria.

2. DENOMINACIONES Y DEFINICIONES

2.1. **El aceite de oliv**a es el aceite procedente únicamente del fruto del olivo (*Olea europaea L.*), con exclusión de los aceites obtenidos por disolventes o por procedimientos de reesterificación y de toda mezcla con aceites de otra naturaleza. Se comercializará según las denominaciones y definiciones siguientes:

2.1.1. <u>Los aceites de oliva vírgenes</u> son los aceites obtenidos del fruto del olivo únicamente por procedimientos mecánicos o por otros medios físicos en condiciones, especialmente térmicas, que no produzcan la alteración del aceite, que no haya tenido más tratamiento que el lavado, la decantación, la centrifugación y el filtrado.

2.1.1.1. Los aceites de oliva vírgenes aptos para el consumo en la forma en que se tienen incluyen:

i) el aceite de oliva virgen extra: aceite de oliva virgen cuya acidez libre expresada en ácido oleico es como máximo de 0,8 gramos por 100 gramos y cuyas demás características corresponden a las fijadas para esta categoría en la presente Norma.

ii) el aceite de oliva virgen: aceite de oliva virgen cuya acidez libre expresada en ácido oleico es como máximo de 2 gramos por 100 gramos y cuyas demás características corresponden a las fijadas para esta categoría en la presente Norma.

iii)   el aceite de oliva virgen corriente: aceite de oliva virgen cuya acidez libre expresada en ácido oleico es como máximo de 3,3 gramos por 100 gramos y cuyas demás características corresponden a las fijadas para esta categoría en la presente Norma.

2.1.1.2.. El aceite de oliva virgen no apto para el consumo en la forma en que se obtiene, denominado aceite de oliva virgen lampante: aceite de oliva virgen cuya acidez libre expresada en ácido oleico es superior a 3,3 gramos por 100 gramos y/o cuyas características organolépticas y demás características corresponden a las fijadas para esta categoría en la presente Norma. Se destina a las industrias de refinado o a usos técnicos.

2.1.2 . El aceite de oliva refinado es el aceite de oliva obtenido de los aceites de oliva vírgenes mediante técnicas de refinado que no provoquen ninguna modificación de la estructura glicerídica inicial. Su acidez libre expresada en ácido oleico es como máximo de 0,3 gramos por 100 gramos y sus demás características corresponden a las fijadas para esta categoría en la presente Norma.

2.1.3. El aceite de oliva es el aceite constituido por la mezcla de aceite de oliva refinado y de aceites de oliva vírgenes aptos para el consumo en la forma en que se obtienen. Su acidez libre expresada en ácido oleico es como máximo de 1 gramo por 100 gramos y sus demás características corresponden a las fijadas para esta categoría en la presente Norma.

2.2. **El aceite de orujo de oliva** es el aceite obtenido por tratamiento con disolventes u otros procedimientos físicos de los orujos de oliva, con exclusión de los aceites obtenidos por procedimientos de reesterificación y de toda mezcla con aceites de otra naturaleza. Se comercializará según las denominaciones y definiciones siguientes:

2.2.1. El aceite de orujo de oliva crudo es el aceite de orujo de oliva cuyas características corresponden a las fijadas para esta categoría en la presente Norma. Se destina al refino con vistas al consumo humano o a usos técnicos.

2.2.2. El aceite de orujo de oliva refinado es el aceite obtenido a partir del aceite de orujo de oliva crudo por técnicas de refinado que no provoquen ninguna modificación de la estructura glicerídica inicial. Su acidez libre expresada en ácido oleico es como máximo de 0,3 gramos por 100 gramos y sus demás características corresponden a las fijadas para esta categoría en la presente Norma.

2.2.3. El aceite de orujo de oliva es el aceite constituido por la mezcla de aceite de orujo de oliva refinado y de aceite de oliva virgen apto para el consumo en la forma en que se obtiene. Su acidez libre expresada en ácido oleico es como máximo de 1 gramo por 100 gramos y sus demás características corresponden a las fijadas para esta categoría en la presente Norma. Esta mezcla no podrá en ningún caso denominarse "aceite de oliva".

3. CRITERIOS DE PUREZA

Las características de identificación que constituyen los criterios de pureza son aplicables a los aceites de oliva y los aceites de orujo de oliva.

En los límites establecidos para cada criterio se incluyen los márgenes de precisión del método recomendado.

3.1. Composición en ácidos grasos por cromatografía de gases
(% m/m de ésteres metílicos)

- Acido mirístico   ≤0,03
- Acido palmítico   7,50-20,00
- Acido palmitoleico   3,30- 3,50
- Acido heptadecanoico   ≤0,30
- Acido heptadecenoico   ≤0,30

- Acido esteárico   0,50-5,00
- Acido oleico   55,00-83,00
- Acido linoleico   3,50-21,00
- Acido linolénico   ≤1,00
- Acido araquídico   ≤0,60
- Acido gadoleico (eiosenoico)   ≤0,40
- Acido behénico   ≤0,20
- Acido lignocérico   ≤0,20

3.2. Contenido en ácidos grasos trans (% de los ácidos grasos trans)

	C18:1 T (%)	C18:2 T + C18:3 T (%)
-Aceites de oliva vírgenes comestibles	≤0,05	≤0,05
-Aceite de oliva virgen lampante	≤0,10	≤0,10
-Aceite de oliva refinado	≤0,20	≤0,30
-Aceite de oliva	≤0,20	≤0,30
-Aceite de orujo de oliva crudo	≤0,20	≤0,10
-Aceite de orujo de oliva refinado	≤0,40	≤0,35
-Aceite de orujo de oliva	≤0,40	≤0,35

3.3. Composición en esteroles y en dialcoholes triterpénicos

3.3.1. <u>Composición en desmetilesteroles</u>   (% de los esteroles totales)

-	Colesterol	$\leq 0,5$
-	Brasicasterol	$\leq 0,1$
-	Campesterol	$\leq 4,0$
-	Estigmasterol	< campesterol para los aceites comestibles
-	Delta-7-estigmastenol	$\leq 0,5$
-	Betasitosterol aparente:	
	betasitosterol +	
	delta-5-avenasterol +	
	delta-5-23-estigmastadienol +	
	clerosterol + sitostanol +	
	delta-5-24-estigmastadienol	≥ 93

3.3.2. <u>Contenido en esteroles totales</u>   (mg/kg)

-	Aceites de oliva vírgenes	≥ 1000
-	Aceite de oliva refinado	≥ 1000
-	Aceite de oliva	≥ 1000
-	Aceite de orujo de oliva crudo	≥ 2500
-	Aceite de orujo de oliva refinado	≥ 1800
-	Aceite de orujo de oliva	≥ 1600

3.3.3. <u>Contenido en eritrodiol y uvaol</u>   (% de los esteroles totales)

-	Aceites de oliva vírgenes comestibles	$\leq 4,5$
-	Aceite de oliva virgen lampante	$\leq 4,5$
-	Aceite de oliva refinado	$\leq 4,5$
-	Aceite de oliva	$\leq 4,5$
-	Aceite de orujo de oliva crudo	$>4,5$
-	Aceite de orujo de oliva refinado	$>4,5$
-	Aceite de orujo de oliva	$>4,5$

3.4. <u>Contenido en ceras</u>

$$C42 + C44 + C46 \, (mg/kg)$$

138

-    Aceites de oliva virgen extra y virgen comestibles ≤150

-    C40+C42+C44+C46 (mg/kg)

-	Aceite de oliva corriente	≤250
-	Aceite de oliva virgen lampante	≤300
-	Aceite de oliva refinado	≤350
-	Aceite de oliva	≤350
-	Aceite de orujo de oliva crudo	>350
-	Aceite de orujo de oliva refinado	>350
-	Aceite de orujo de oliva	>350

3.5. Diferencia máxima entre el contenido real y el contenido teórico en triglicéridos con ECN 42

-	Aceites de oliva vírgenes comestibles	≤ |0,2|
-	Aceite de oliva virgen lampante	≤ |0,3|
-	Aceite de oliva refinado	≤ |0,3|
-	Aceite de oliva	≤ |0,3|
-	Aceite de orujo de oliva crudo	≤ |0,6|
-	Aceite de orujo de oliva refinado	≤ |0,5|
-	Aceite de orujo de oliva	≤ |0,5|

3.6. Contenido en estigmastadienos   (mg/kg)

- Aceites de oliva virgen extra y virgen   ≤ 0,05
- Aceites de oliva vírgenes comestibles   ≤0,10
- Aceite de oliva virgen lampante   ≤0,50

3.7. Contenido de 2 monopalmitato de glicerilo

-Aceites de oliva vírgenes comestibles y aceite de oliva

$C16:0 \leq 14.0\% ; 2P \leq 0.9\%$

C16:0 > 14.0 % ; 2P ≤ 1.0 %

- Aceites de oliva vírgenes no comestibles y aceites de oliva refinados

C16:0 ≤ 14.0 % ; 2P ≤ 0.9 %
C16:0 > 14.0 % ; 2P ≤ 1.1 %

-Aceites de orujo de oliva   ≤1.2 %

- Aceites de orujo de oliva crudos y refinados   ≤1.4 %

3.8. Materia insaponificable   (g/kg)

-Aceites de oliva   ≤ 15
-Aceites de orujo de oliva   ≤ 30

5. ADITIVOS ALIMENTARIOS

5.1. <u>Aceites de oliva vírgenes y aceite de orujo de oliva crudo</u>: no se permite ningún aditivo.

5.2. <u>Aceite de oliva refinado, aceite de oliva, aceite de orujo de oliva refinado y aceite de orujo de oliva</u>: alfatocoferol autorizado para restituir el tocoferol natural perdido durante el refinado.

Dosis máxima: 200 mg/kg de alfatocoferol total en el producto final.

6. CONTAMINANTES

6.1 <u>Metales pesados</u>

Los productos a los que se aplican las disposiciones de la presente Norma deberán ajustarse a los límites máximos para metales pesados establecidos por la Comisión del Codex Alimentarius, pero mientras tanto se les aplicarán los siguientes límites:

Concentración máxima permitida

Plomo (Pb)	0,1 mg/kg
Arsénico (As)	0,1 mg/kg

6.2 <u>Residuos de plaguicidas</u>

Los productos a los que se aplican las disposiciones de la presente Norma deberán ajustarse a los límites máximos para residuos establecidos por la Comisión del Codex Alimentarius para estos productos.

6.3 <u>Disolventes halogenados</u>

- Contenido máximo de cada uno de los disolventes halogenados 0,1 mg/kg
- Contenido máximo del total de disolventes halogenados   0,2 mg/kg

OTRAS OBRAS DEL AUTOR

CONFUCIO
PARA
CONFUSOS

480 AFORISMOS DE
CONFUCIO

CALIXTO LÓPEZ

EL TRIÁNGULO DE CONFUCIO

Calixto López y Rosalía Rouco

145

EL PELIGROSO ARTE DE FREÍR

CALIXTO LÓPEZ
ROSALÍA ROUCO

QUÍMICA DE LOS ACEITES VEGETALES

CALIXTO LÓPEZ HERNÁNDEZ

ACEITE DE COCO

CALIXTO LÓPEZ HERNÁNDEZ

BIBLIOGRAFÍA

Abbott, A. (2017): *Italy rebuked for failure to prevent olive-tree tragedy*1 Nature (546); pp. 193-194.

Alba J. y L. Martínez. (2001). *Elaboración de Aceites de Oliva.* En: Mataix J, editor.

Ancin, M. y M. Martinez. (1991). *Estudio de la degradación de los aceites de oliva sometidos a fritura.* Ácidos y Grasas. 1991 (1), (42): 22-31.

Almeida, R. and L. Nunney. (2015): *How do plant diseases caused by Xylella fastidiosa emerge?*; Plant Disease (99); 1457-1467.

Anderson, J., F. Grande and A. Keys (1970). *Coronary heart disease in Seven countries".* Circulation, 1970, 41; 1-211

Angerosa F, et al. (2004). (2004*). Volatile compounds in virgin olive oil: occurrence and their relationship with the quality.* J Chromatogr A 2004; 1054: 17-31.

Aparicio, R, y J. Harwood. (2003). *Manual del Aceite de Oliva.* AMV Ediciones y Mundi-Prensa. Madrid. 2003.

Arbonés-Mainar J. (2008). *Olive oil phenolic compounds as potential therapeutical agents.* La Veletta: Nova; 2008.

Astiasarán, Y. y J. Martínez, (2003). *Alimentos. Composición y propiedades.* McGraw-Hill Interamericana. Madrid.

AOCS. (1997). *Official Methods and Recommended Practices of the American Oil* Chemists Society, 5th ed. D. Firestone (ed), AOCS Press, Champaign.

Ávila, J. (2000). *Enciclopedia Del Aceite De Oliva.* 1° Ed.

Editorial Planeta. Barcelona, España.

Badui, S. (2006) *Química de los alimentos*. 4ta. Edic. PEARSON. Adison Wesley. México.

Bailey, A. (1998), *Aceites y grasas industriales*, Editorial Reverte, España.

Bailey, A. (1961). *Química de los Alimentos*. 3ra. ed. Editorial Addison Wesley Longman. México.

Bastida S., and F. Sánchez-Muniz. (2001). *Thermal oxidation of olive oil, sunflower oil and a mix of both oils during forty discontinuos domestic frying of different foods.* Food Sci Tech Int. 2001; 7: 15-21.

Beauchamp, G. et al. (2005). *Ibuprofen-like activity in extra-virgin olive oil.* Nature, 2005, 437, 45-6).

Blekas, G., M. Tsimidou and D. Boskou. (1995). *Contribution of α-tocopherol to olive oil stability. Food chemistry* 52 (3): 289-294.

Barranco, D. (1995). *La Elección Varietal en España.* Ed. Consejo Oleícola Internacional. Olivae 59. 54-58 1995.

Berra, B. (1998). *Biochemical and nutricional aspect of the minor component of olive oil.* Olivae. 73, 29-30.

Boskou, D. (2006). *Sources of natural phenolic antioxidants.* Trends in Food Science and Technology. 17 (9): 505-512

Boskou D. (1998). *Olive oil, Chemistry and Technology.* AOLS Press: Champaing ed; 1998.

Brenes M, et al. (1999). Phenolic *compounds in Spanish olive oils.* J Agric Food Chem 1999; 47:3535-40.

Brenes M, et al. (2002). *Influence of thermal treatments*

simulating cooking processes on the polyphenol content in virgin olive oil. J Agric Food Chem. 2002; 50: 5962-5967.

Coultate, T. (1998). *Manual de Química y Bioquímica de los alimentos*. Ed Acribia. España.

Cicerale, S. et al. (2009). *Chemistry and health of olive oil phenolics*. Critical Reviews in Food Science and Nutrition 49: 218–236.

Castillo, E. Torres, S. y B. Álvarez (2007). *El aceite de oliva y la salud. Proceso industrial y puntos críticos de control en almazaras*. Higiene y Sanidad Ambiental, 7: 256-264 (2007).

Civantos L., Contreras R. y R.Grana. (1999). *Obtención del Aceite de Oliva Virgen*. Madrid: Editorial Agrícola Española, 2ª Edición; 1999.

Covas M. (2007*). Olive oil and the cardiovascular system*. Pharmacol Res 2007; 55: 175-186.

Covas, M., et al. (2006). *The effect of polyphenols in olive oil on heart disease risk factors: a randomized trial*. Ann Intern Med 2006;145: 333-141.

Covas, M et al. (2006). *Minor components of olive oil. Evidence to date of health benefits in humans*. Nutr Rev; 64(Suppl 1):20-30.

Comisión Europea. «REGLAMENTO (CE) No 1513/2001 DEL CONSEJO de 23 de julio de 2001 que modifica el Reglamento no 136/66/CEE y el Reglamento (CE) no 1638/98, en lo que respecta a la prolongación del régimen de ayuda y la estrategia de la calidad para el aceite de oliva».

Consejo Oleícola Internacional. Norma Comercial Aplicable al Aceite de Oliva y al Aceite de Orujo. 17. (1998).

Clevidence B, et al. (1997). *Plasma lipoprotein (a) levels in men*

151

and women consuming diets enriched in saturated, cis-, or transmonounsaturated fatty acids. Arterioscler Thromb Vasc Biol 1997; 17: 1657-61.

Carmena R, et al. (1996). *Effect of olive and sunflower oils on low density lipoprotein level, composition, size, oxidation and interaction with arterial proteoglycans*. Atherosclerosis 1996;125:243-255.

Del Castillo, E., V. Torres y B.Álvarez. (2007). *El aceite de oliva y la salud. Proceso industrial y puntos críticos de control en almazaras Hig. Sanid. Ambient. 7: 256-264.*

Denance, N. et al. (2015). *Several subspecies and sequence types are associated with the emergence of Xylella fastidiosa in natural settings in France*; Plant Pathology (66); 1054-1064.

Departamento de Salud y Servicios Sociales de los Estados Unidos (2010). Dietary Guidelines for Americans.

Dudrow F. (1983). *Deodorization of edible oil*. J. of Am. Oil. Chem. Soc. 60, 272-274.

Espínola, F. (1996). *Cambios tecnológicos en la extracción del aceite oliva virgen*. Alimentación, equipos y tecnología 1996.

Ferrari R. et al. (1996). *Minor constituents of vegetable oils during industrial processing*. J. Am. Oil Chem. Soc. 73, 587-591.

Fit, M. et al. (2007). *Bioavailability and antioxidant effects of olive oil phenolic compounds in humans: a review*. Ann IstSuper Sanita 2007; 43: 375-381.

Fito, M., et. al. (2008). *Anti-inflammatory effect of virgin olive oil in stable coronary disease patients: a randomized, crossover, controlled trial*. Eur J Clin Nutr 2008; 62:570

Foster A, and A. Harper A. (1983). *Physical refining*. J of Am

Oil Chem. Soc. 60, 265-271.

Foster, R.; C. Williamson, and J. Lunn, (2009). *Culinary oils and their health effects* Nutrition Bulletin 34 (1): 4-47.

Frankel, E. (2011). *Nutritional and biological properties of extra virgin olive oil*. J. Agric. Food. Chem. 2011. 59 (3): 785-92.

Galli C and F. Visioli (1999). *Antioxidant and other activities of phenolics in olives/olive oill, typical components of the Mediterranean diet*. Lipids 1999; 34 23-26.

Garrido, J. et al.(1990). *Pigmentos clorofílicos y carotenoides responsables del color del aceite de oliva virgen*. Grasas y Aceites. 41. 2. 404-409. 1990.

Gandul, B.and M. Mínguez (1996). *Chlorophyll and carotenoid composition in virgin olive oils from various Spanish olive varieties*. J Am Oil Chem Soc, 72: 31-39.

Harwood J. and R Aparicio. (2000). *Handbook of olive oil, Analysis and Properties*: Kluwer Academic Publishers J.L. Harwood and R. Aparicio; 2000.
Hendrix, B. (1990). *Edible Fats and Oils Processing: Basic Principles and Modern practises*. Illinois: Ed. D.R. Erickson., Am.Oil Chem. Soc. Chamaing; 1990.

Horton J, et al. (1993). *Dietary fatty acids regulate hepatic low density lipoprotein (LDL) transport by altering LDL receptor protein and mRNA levels*. J Clin Invest 1993; 92: 743-49.

Hu, F., et al. (1997). Dietary fat intake and risk of coronary heart disease in women. N Engl J Med 1997; 337: 1491-99.

James, C. (1996). *Analytical Chemistry of Foods*. Blackie Academic and Professional. London.

Jiménez, A., et al. (1995). *Elaboración del aceite de oliva* virgen mediante sistema continúo de dos fases: Influencia de las diferentes variables del proceso en algunos parámetros relacionados con la calidad del aceite. Grasas y Aceites (46): 299-303.

Kamal-Eldin A, and L. Appelqvist (1996). The chemistry and antioxidant properties of tocopherols and tocotrienols. Lipids. 31, 671-701.

Keys A, J. Anderson and F. Grande (1957). Prediction of serum cholesterol responses of man to changes in fats in the diet. Lancet 1957; 273: 959-66.

Keys A. (1980). "Seven Countries: A Multivariate Análisis of Death and Coronary Heart Disease." Cambridge, MA: Harvard University Press.

Keys A., A. Mennoti, M. Karvonen C. Aravanis, H. Blackburn , et al. (1986) The diet and 15-year death rate in the seven countries study. Am J Epidemiol 1986; 124: 903-915.

Khalil M, W. Wagner and I. Goldberg. (2004). Molecular interactions leading to lipoprotein retention and the initiation of atherosclerosis. Arterioscler Thromb Vasc Biol; 24: 2211-18.

Kris-Etherton P, and S. Yu (1997). Individual fatty acids on plasma lipids and lipoproteins: human studies. Am J Clin Nutr 1997; 65: 1628S-44S.

Kritchevsky D. (1998). History of recommendations to the public about dietary fat. J. Nutr 1998; 128: 449-52.

Kushi, L, et al. (1985) Diet and 20-year mortality from coronary heart disease. The Ireland-Boston Diet Diet-Heart Study. N Engl J Med 312: 811-8.

Lanzón, A, T; Cert and J. Gracián, (1994). The hydrocarbon fraction of virgin olive oil and changes resulting from refining Journal of the American Oil Chemists' Society 1994;71:285-

291.

Lichtenstein A, et al.(2006). *Summary of American Herat Association diet and lifestyle recommendations revision.* Arterioscler Thromb Vasc Biol 2006; 26: 2186-91.

Loconsole, G. et al. (2016). *Intercepted isolates of Xylella fastidiosa in Europe reveal novel genetic diversity*1 ; J. Plant Pathol. (146); 85-94.

Lou-Bonafonte, J. el at. *Efficacy of bioactive compounds from extra virgin olive oil to modulate aterosclerosis development.* Mol. Nutr. Food Res. 2012, 56, 1043–1057.

López, C. (2018). *Aceites Vegetales.* Amazon Kindle Publishing ISBN.9781980870401. Spain.

López, C. (2017). *Caos e Incertidumbre en el Mundo de los Aceites Vegetales.* Amazon Kindle KDP Publishing, 9751549915190. Spain.

López, C. (2018). *El Peligroso Arte de Freir.* Amazon Kindle KDP Publishing. ISBN 9781973324423. Spain.

Montedoro, G, et al. (1992*). Simple and hydrolysable phenolic compounds in virgin olive oil: Their extraction, separation and quantitative and semiquantitative evaluation by HPLC.* J Agric Food Chem 1992;40:1571-1576.

Montedoro G. et al. (1998). *Antioxidants in virgin olive oil.* Olea 2007; 26: 5-13.

Mateos, R., et al. (2001). *Determination of phenols, flavones and lignans in virgin olive oil by soil-phase extraction and high-performance liquid chromatography with diodearray ultraviolet detection.* J Agri Food Chem 49: 2185-2219

Mataix J., J. Ochoa and J. Quiles. (2004). *Olive oil, dietary fat and ageing, a mitochondrial approach"* Grasas y Aceites Vol.

55. Fasc. 1 (2004), 84-91

Mattson F. and S. Grundy (1995). *Comparison of effects of dietary saturated, monounsaturated and polyunsaturated fatty acids on plasma lipids and lipoprotein in man.* J. Lipid Res., 26, 194-202.

Mensink, R. and M. Katan. (1992). *Effect of dietary fatty acids on serum lipids and lipoproteins. A metaanalysis of 27 trials.* Arterioscler Throm 12: 911-919, 1992.

Mensink R, et al. (2013). *Effects of dietary fatty acids and carbohydrates on the ratio of serum total to HDL cholesterol and on serum lipids and apolipoproteins: a meta-analysis of 60 controlled trials.* Am J Clin Nutr. (77) (5) pp.1146-1155.

Mozaffarian D, R. Clarke (2009). *Quantitative effects on cardiovascular risk factors and coronary heart disease risk of replacing partially hydrogenated vegetable oils with other fats and oils.* Eur J Clin Nutr 2009; 63: S22-S33.

Moreiras O. et al.(2007). *Tablas de composición de alimentos.* 11ª edición. Pirámide. Madrid.

Olmo, D. et al. (2017). *First detection of Xylella fastidiosa infecting cherry (Prunus avium) and Polygala myrtifolia plants, in Mallorca Island, Spain*1 Plant Dis. (101); 1820.

Owen, R. et al, (2000). *Phenolic compounds and squalene in olive oils: the concentration and antioxidant potential of total phenols, simple phenols, secoiridoids,*
lignansand squalene. Food Chem Toxicol 2000;38:647-59.

Organización Mundial de la Salud (2015). Avoiding Heart Attacks and Strokes. **Reglamento (CE) Nº 1989/2003 DE LA COMISIÓN de 6 de Noviembre de 2003, que modifica el Reglamento (CE) nº 2568/91**, relativo a las características de los aceites de oliva y de los aceites de orujo de oliva y sobre sus métodos de análisis.

Parkinson, L. and R. Keast (2014) *Oleocanthal, a phenolic derived from virgin olive oil: a review of the beneficial effects on inflammatory disease.* Int. Journal of Molecular Sciences, 2014, 15, 12323-12334.

Palacio-Bielsa, A. (2017). *'Xilella Fastidiosa', un problema global: enfermedades que causa, diagnóstico y control.* Centro de Investigación y Tecnología Agroalimentaria. Aragón, España.

Pellegrini N. et al. (2001). *Direct analysis of total antioxidant activity of olive oil and studies on the influence of heating.* J Agric Food Chem. 2001; 49: 2532-2538.

Pérez-Jiménez, F et al. (2007). *The influence of olive oil on human health: not a question of fat alone"* Mol. Nutr. Food Res. 2007, 51, 1199 – 1208

Quiles, J., et al. *Olive Oil & Health.* (2006). CABI, Wallingford, UK. 2006.

Rigacci, S; Stefani, M (2016). *Nutraceutical Properties of Olive Polyphenols. An Itinerary form Cultured Cells through animal Models to Humans.* International Journal of Molecular Sciences. 17 (6): 843.

Smith, Amos, et al. (2005). *Síntesis y Asignación de Configuración Absoluta de (-)-Oleocantal: Potente Antioxidante No esteroide Antiinflamatorio Derivado de Aceites Extra Virgen de Oliva."* . Organic Letters (2005), 7(22), 5075-5078.

Sánchez Muñiz, F. and S. Bastida. (2006): *Effect of frying and thermal oxidation on olive oil and food quality, en Olive Oil and Health.* Quiles, J. M. Ramírez-Tortosa, P. Yaqoob (eds.) CAB International, Oxfordshire, UK, 74-108.

Tarrago-Trani, M et al. (2006). *New and existing oils and fats used in products with reduced trans-fatty acid content..* Journal of the American Dietetic Association. pp. 867-880.

Verleyen T, et al. (2002). *Analysis of free and esterified sterols in vegetable oils*. J. Am. Oil Chem. Soc. 79, 117-122.

Vicent, A. and J. Blasco. (2017). *When prevention fails. Towards more efficient strategies for plant disease eradication*1 New Phytol. (214); 905-908;

Williams, C. et al. (1999). *Cholesterol reduction using manufactured foods high in monounsaturated fatty acids, a randomized cross-over study*. Br. J. Nutr., 81, 439-446.

Warner K, and N. Michael-Eskin (1995). *Methods to asses quality and stability of oils and fat-containing foods*. AOCS Press. Illinois, USA. Cap. 2,9.

Zschau W. (2000). *Introduction to Fats and Oils Technology*, 2nd edn. Champaign, IL: AOCS Press.

ÍNDICE

www.ingramcontent.com/pod-product-compliance
Lightning Source LLC
Chambersburg PA
CBHW081725220526
45468CB00008B/1976